DESAFIOS E PERSPECTIVAS DO SETOR FERROVIÁRIO BRASILEIRO:
novos corredores e a proposta das *shortlines*

JOÃO FELIPE RODRIGUES LANZA
& PEDRO DANIEL SPENCIERE

DESAFIOS E PERSPECTIVAS DO SETOR FERROVIÁRIO BRASILEIRO:

novos corredores e a proposta das *shortlines*

EDITORA
Labrador

Copyright © 2021 de João Felipe Rodrigues Lanza e Pedro Daniel Spenciere
Todos os direitos desta edição reservados à Editora Labrador.

Coordenação editorial
Pamela Oliveira

Preparação de texto
Isabel Silva

Assistência editorial
Larissa Robbi Ribeiro

Revisão
Lívia Lisbôa

Projeto gráfico, diagramação e capa
Amanda Chagas

Imagens de capa
Rodrigo Matheus

Dados Internacionais de Catalogação na Publicação (CIP)
Angélica Ilacqua CRB-8/7057

Lanza, João Felipe Rodrigues
　Desafios e perspectivas do setor ferroviário brasileiro : novos corredores e a proposta das shortlines / João Felipe Rodrigues Lanza, Pedro Daniel Spenciere. -- São Paulo : Labrador, 2021.
　176 p. ; color.

Bibliografia
ISBN 978-65-5625-201-8

1. Ferrovias - Brasil 2. Transporte ferroviário - Brasil I. Título II. Spenciere, Pedro Daniel

20-4716　　　　　　　　　　　　　　　　　　　　　　　　CDD 385.0981

Índice para catálogo sistemático:
1. Transporte ferroviário - Brasil

Editora Labrador
Diretor editorial: Daniel Pinsky
Rua Dr. José Elias, 520 — Alto da Lapa
05083-030 — São Paulo/SP
+55 (11) 3641-7446
contato@editoralabrador.com.br
www.editoralabrador.com.br
facebook.com/editoralabrador
instagram.com/editoralabrador

A reprodução de qualquer parte desta obra é ilegal e configura uma apropriação indevida dos direitos intelectuais e patrimoniais do autor.

A Editora não é responsável pelo conteúdo deste livro. O autor conhece os fatos narrados, pelos quais é responsável, assim como se responsabiliza pelos juízos emitidos.

O melhor programa econômico de governo é não atrapalhar aqueles que produzem, investem, poupam, empregam, trabalham e consomem.

Irineu Evangelista de Souza, Barão de Mauá

AGRADECIMENTOS

Eu, João Rodrigues, tive a sorte de conhecer e contar com o apoio de pessoas muito interessantes durante a graduação em administração de empresas. Foi um período de grande aprendizado, durante o qual pude desenvolver e praticar conceitos e habilidades de grande utilidade para hoje me tornar um profissional diferenciado em minha carreira acadêmica e profissional.

Primeiramente, agradeço à minha orientadora professora Priscila Miguel, que me guiou, abriu muitas portas e me auxiliou no desenvolvimento deste trabalho de forma atenciosa, paciente e dedicada.

Aos meus pais, Regina e Mário, pela oportunidade de estudar nessa fantástica instituição que é a Escola de Administração de Empresas de São Paulo (EAESP), da Fundação Getulio Vargas (FGV).

À minha ex-professora Rosmeire Pires, cuja ajuda nos tempos do ensino médio e do curso pré-vestibular foram fundamentais para que eu refinasse minha escrita, sem a qual a realização deste trabalho seria muito difícil; e à minha correspondente jornalista Sonia Zaghetto, por me acompanhar no desenvolvimento desta obra e sua publicação.

Ao professor Wagner Oliveira Monteiro, pela atenção e pelo acompanhamento do meu trabalho.

À professora Christiane Fernandes, pelo auxílio em incontáveis situações na minha graduação.

Aos membros do finado Grupo de Estudos Liberais John Galt, pelo acompanhamento deste projeto, principalmente a meus amigos Bill Pedroso, Gabriel Pinedo e Roberto Massaro pelo amplo interesse e apoio nas discussões sobre monopólios naturais, que inclusive foi tema de uma das reuniões do grupo.

À equipe da Formação Integrada para a Sustentabilidade (FIS) e meus amigos da vigésima edição da disciplina (FIS 20), que me proporcionaram uma das melhores experiências que tive na graduação.

Aos meus amigos Amanda Jacobowski, Antonio Paneguini, Bruno de Pieri, Bruno Schiavo, Caio Turcato, Cecilia de Gouveia, Henrique Conrado, Henrique Ishiyama, Konstantin Triantafylopoulos, João Sales, Leonardo Leite, Leonardo Mello, Leonardo Paulino, Marcelo Calbo Cestari, Pedro Brito, Pedro Lobo Carvalho, Pedro Paolo Camano, Rebecca Amorim, Renata Mesquita, Ronald Concer, Sarah Meca Lima, Vinicius Bernardini, Victor de Pieri e Vitor Kato, pela companhia durante os anos da graduação.

Aos meus amigos Alex Elias Ibrahim, Alexandre Augusto Pisciottano, Alexandre Fressatto Ramos, Bruno Pereira Rodrigues (Viajante FLA), Eric Mantuan, Ewerthon Mota de Abreu, Fabrício Sachette Lino, Luis Fernando da Silva, Márcio Ferreira Rocha, Ricardo Philippi, Ricardo Pinto da Rocha, Ricardo Toshima, Romulo de Sousa, Tiago Augusto Alves e outros pelo compartilhamento de informações durante a produção deste trabalho.

Agradeço aos meus amigos próximos, Daniel Cardenas, Daniel Sé, Gunther Stanjek, Lucas Camano, Lucas Mendes, Vítor Pinheiro e outros que foram pacientes e compreensivos com o esforço exigido.

***

Eu, Pedro Spenciere, agradeço primeiro a Deus pelo dom da vida, pela proteção e pelas bênçãos recebidas e por ter me permitido conviver com pessoas tão especiais, sem as quais eu não teria conseguido realizar todos os meus feitos.

Aos meus pais e irmãos, por todo apoio, carinho, encorajamento e incentivo em todos os momentos da minha vida, por me auxiliarem a encontrar soluções e pelas reflexões e inspirações proporcionadas. Vocês merecem meu eterno agradecimento.

Aos meus amigos, pelos momentos de descontração e por compartilharem suas experiências e seus aprendizados, possibilitando novos conhecimentos e me auxiliando nos períodos de extrema dificuldade, como o que enfrentamos agora na pandemia. Enfim... agradeço a todos(as) que de alguma forma estiveram comigo nessa caminhada!

SUMÁRIO

Parte I: INTRODUÇÃO 21
Introdução ao transporte ferroviário 21
    Apresentação do tema 21
    Objetivo e contribuições da pesquisa 25

Parte II: O TRANSPORTE FERROVIÁRIO 27
Referencial teórico 29
    O modal ferroviário 29
    Panorama das ferrovias no Brasil 30
    História das ferrovias brasileiras 32
    Monopólios e concorrência no mercado ferroviário 43
        A teoria neoclássica de monopólio natural 44
        A teoria austríaca de monopólio 47
        Considerações finais 53
    Concessões ferroviárias 54
    Definição de *shortlines* 58

Parte III: AS FERROVIAS DO BRASIL 67
Análise de dados 69
    A proposta das *shortlines* 70
        Histórico da categoria 70
        Potenciais candidatas a *shortlines* 81

- Ferrovias de uso industrial 82
  - Estrada de Ferro Amapá 83
  - Estrada de Ferro Jari 86
  - Estrada de Ferro Juruti 87
  - Estrada de Ferro Trombetas 88
- Ferrovias de uso comercial 89
  - Ferrovia Tereza Cristina 89
  - Ferroeste 95
- Ferrovias de uso turístico 99
  - Associação Brasileira de Preservação Ferroviária (ABPF) 100
  - Estrada de Ferro Campos do Jordão (EFCJ) 102
  - Estrada de Ferro Corcovado 106
  - Estrada de Ferro Perus Pirapora (EFPP) 110
  - Giordani Turismo 112
  - Serra Verde Express 113

Novos corredores ferroviários 115
- Ferrovia Norte-Sul (FNS) 115
- Ferrovia de Integração Centro-Oeste (FICO) 119
- Ferrovia de Integração Oeste-Leste (FIOL) 121
- Ferrogrão 124

Parte IV: RESULTADOS 129

Discussão 131

Recomendações finais 141

Referências 147

Lista de tabelas

Tabela 1 — Reestruturações do sistema ferroviário sob a gestão da RFFSA 39

Tabela 2 — Diferenças entre as *shortlines* estadunidenses e canadenses 64

Tabela 3 — Classificação das ferrovias do Brasil em 1940 71

Tabela 4 — Perfil de transporte das ferrovias industriais e comerciais 134

Tabela 5 — Características das ferrovias turísticas 135

Lista de figuras

Figura 1 — Mapa da rede ferroviária brasileira 31

Figura 2 — Estrutura de mercado de um monopólio natural 46

Figura 3 — Controle acionário das *shortlines* norte-americanas 62

Figura 4 — Origem dos recursos das *shortlines* 63

Figura 5 — Mapa das ferrovias industriais localizadas no norte do Brasil, incluindo as já desativadas E. F. Tocantins, E. F. Bragança e Fordlândia 82

Figura 6 — Mapa da Estrada de Ferro Amapá 84

Figura 7 — Mapa da Estrada de Ferro Jari 86

Figura 8 — Mapa da Estrada de Ferro Juruti 88

Figura 9 — Mapa da Estrada de Ferro Trombetas 89

Figura 10 — Ferrovia Tereza Cristina em 1965 92

Figura 11 — Ferrovia Tereza Cristina em 1991 93

Figura 12 — Ferrovia Tereza Cristina em 2021 94

Figura 13 — Traçado da Ferroeste 96

Figura 14 — Ferroeste e a malha ferroviária paranaense 97

Figura 15 — Extensões propostas da Ferroeste 99

Figura 16 — Mapa da Estrada de Ferro Campos do Jordão 103

Figura 17 — Mapa da Estrada de Ferro Perus Pirapora 111

Figura 18 — Mapa da Ferrovia Norte-Sul 116

Figura 19 — Mapa da Ferrovia Transcontinental, mostrando o traçado de Campinorte até Porto Velho 119

Figura 20 — Seção de Campinorte a Água Boa da FICO 121

Figura 21 — Mapa da FIOL mostrando os trechos FIOL 1, FIOL 2 e a extensão para Figueirópolis 122

Figura 22 — Ferrogrão 125

Trem inaugural da Ferroeste partindo do pátio de Cascavel no dia 15 de março de 1996. Construída pelo governo estadual do Paraná com o objetivo de fornecer serviços de transporte para a Região Oeste do Estado, a Ferroeste hoje é responsável pelo transporte de soja e farelo de soja, cimento e contêineres entre o terminal de Cascavel e o Porto de Paranaguá.
Fonte: Ferroeste.

Parte I
INTRODUÇÃO

Composição de carvão da Estrada de Ferro Donna Thereza Cristina (atual Ferrovia Tereza Cristina) liderada pela locomotiva tipo mallet n. 204 em parada técnica em Laguna, com um trem entre Tubarão e Imbituba, em março de 1977.
Fonte: A. E. "Dusty" Durrant.

INTRODUÇÃO AO TRANSPORTE FERROVIÁRIO

Apresentação do tema

Desde a sua criação no início do século XIX, o modal ferroviário é um dos mais eficientes do mundo no transporte de pessoas e mercadorias. Para muitos embarcadores, ele oferece serviços seguros e de baixo custo, desempenhando um papel crucial em várias cadeias de suprimentos. A relativa segurança, a eficiência energética e o respeito pelo meio ambiente fazem dele um dos modais mais importantes para deslocamentos terrestres (BITZAN; TOLLIVER; BENSON, 2002).

No século XIX, o modal ferroviário se consolidou como o principal meio de transporte do mundo ocidental, em especial, no período conhecido como belle époque (1871-1914). Nessa época, o mercado ferroviário norte-americano era um dos mais competitivos do mundo. Então, a Interstate Commerce Commission (ICC) foi criada e o setor virou alvo de uma onda de regulamentações governamentais.

A partir do período entreguerras (1918-1939), o modal ferroviário passou a enfrentar concorrência cada vez maior de outros modais, em especial, do rodoviário, que logo se mostrou a alternativa mais promissora por ser mais flexível e com custos menores de implantação. Antes da Segunda Guerra Mundial (1939-1945), já havia redes de estradas de rodagem bem desenvolvidas na América do Norte. O avanço da aviação civil também se mostrou um importante concorrente, principalmente no transporte de passageiros. Conforme caía a rentabilidade das companhias ferroviárias, também caía a qualidade dos serviços. Logo surgiram questionamentos sobre as pesadas regulamentações impostas ao setor, em especial a fixação de fretes e a desativação de ramais e serviços deficitários.

A partir dos anos 1960, iniciou-se um longo processo de desregulamentação e reestruturação do sistema ferroviário, que culminou com a promulgação do Staggers Rail Act em 1980, que aboliu o regime regulatório vigente desde 1887 (DILORENZO, 1985). Segundo Durço (2015) e Pinheiro e Ribeiro (2017), a desregulamentação do transporte ferroviário se tornou um fenômeno global, mostrando a ineficiência dos modelos regulatórios baseados na gestão estatal. O amplo programa de reestruturação[1] e desregulamentação do setor ferroviário estadunidense marcou o início da abertura global do setor de transportes, provocando uma notável mudança de paradigma na mente de diversos governantes. Ao longo do século XX, perdeu força a crença de que o setor de transportes é um bem que precisa do controle ou da regulação do Estado.

No Brasil, a principal reforma foi a privatização da malha ferroviária que ocorreu na década de 1990, estabelecendo um regime de concessões de 30 anos renováveis por mais trinta. Apesar de diversas melhorias operacionais nos primeiros anos, esse regime se mostrou insuficiente no longo prazo. Sem incentivos à concorrência, as concessionárias priorizaram a movimentação de cargas dos principais acionistas embarcadores, investindo o mínimo necessário em outras operações (CNI, 2018).

As quedas constantes nos valores de frete rodoviário decorrentes dos incentivos governamentais também contribuíram para que as ferrovias ficassem restritas aos fluxos cativos desse modal

---

1 O processo de desregulação e reestruturação ferroviária estadunidense teve início com o The Transportation Act of 1958, e contemplou uma ampla racionalização promovida pela estatal Conrail, que assumiu a malha operada pela falida Penn Central Transportation Company e por outras seis empresas (Ann Arbor Railroad, Erie Lackawanna Railway, Lehigh Valley Railroad, Reading Company, Central Railroad of New Jersey e Lehigh & Hudson River Railway), a criação da estatal Amtrak em 01/05/1971, e foi encerrado com a promulgação do Staggers Rail Act em 14/10/1980.

(essencialmente *commodities*). Segundo estudo da Confederação Nacional da Indústria (CNI), cerca de um terço da malha ferroviária se encontrava inutilizada por falta de interesse das atuais concessionárias em operar esses trechos e pela impossibilidade de transferência para outros interessados (CNI, 2018). Com a paralisação dos caminhoneiros em maio de 2018, a forte dependência do transporte rodoviário suscitou diversas discussões sobre a retomada do transporte ferroviário, entre elas, o reaproveitamento dos trechos ociosos em um regime diferente das concessões atuais.

A greve dos caminhoneiros (também denominada crise do diesel) foi uma paralisação de caminhoneiros autônomos em escala nacional que ocorreu entre os dias 21 e 30 de maio de 2018, como forma de protesto contra os reajustes frequentes e imprevisíveis dos preços do óleo diesel, a cobrança de pedágio por eixos suspensos, e a tributação do Programa de Integração Social (PIS) e da Contribuição para o Financiamento da Seguridade Social (Cofins) sobre os combustíveis. Outra queixa dos caminhoneiros era a dificuldade de repassar custos aos clientes devido à queda constante no valor dos fretes rodoviários por causa da saturação do mercado doméstico, reivindicando o tabelamento governamental dos fretes. Apesar de sua curta duração, as paralisações e os bloqueios de rodovias em todo território nacional geraram a escassez de diversos produtos cujas cadeias de suprimento dependiam do modal rodoviário, em especial, a distribuição aos consumidores finais.

Segundo alguns economistas, como Carvalho e Paranaíba (2019), a causa da comoditização do transporte rodoviário (principalmente dos serviços autônomos) reside nos sucessivos programas de crédito lançados pelo governo federal para renovar a frota de caminhões do país. Os subsídios não geraram os efeitos desejados devido à grande proporção de caminhoneiros autônomos que não tinham condições de obter financiamento e à falta de planejamento para renovar a frota. Por conta disso, além de não haver queda na idade média da frota nacional, houve um aumento artificial na quantidade de caminhões no mercado, seguido de queda artificial nos fretes.

Para eventuais paralisações futuras, muitas empresas passaram a utilizar frota própria ou migraram para serviços ferroviários ou de cabotagem. Entretanto, o principal legado dessa greve foi impulsionar discussões sobre investimentos nos outros modais de transporte.

Dentre as propostas para tornar o setor ferroviário mais competitivo, destacam-se a promoção de investimentos cruzados em novas ferrovias com a renovação das concessões e a retomada dos trechos ociosos nos moldes das *shortlines* estadunidenses. A primeira busca captar recursos para desenvolver quatro novos corredores principais na malha ferroviária: Ferrovia Norte-Sul (FNS), Ferrovia de Integração Centro-Oeste (FICO), Ferrovia de Integração Oeste-Leste (FIOL) e Ferrogrão. A pauta de infraestrutura ganhou força em 2020, enquanto o Brasil ainda dimensionava os impactos socioeconômicos da pandemia de covid-19, em razão de seus potenciais efeitos diretos na retomada econômica e na matriz de transportes.

Já a segunda proposta enfatiza a viabilização da retomada dos investimentos e das operações em trechos já existentes que hoje se encontram ociosos ou subutilizados pelas concessionárias, bem como incentivar novos empreendimentos no mercado ferroviário (DAYCHOUM; SAMPAIO, 2015). Essa proposta utiliza como base comparativa o mercado ferroviário norte-americano (Estados Unidos e Canadá), onde a desregulamentação da década de 1980 contribuiu para o desenvolvimento de companhias ferroviárias de pequeno e médio porte denominadas *shortlines*. Essas ferrovias operam cerca de 30% do total de linhas férreas nesses dois países, majoritariamente ramais revitalizados que foram adquiridos das empresas maiores que não tinham interesse nessas operações. A análise da viabilidade desse tipo de ferrovia no caso brasileiro ainda merece revisão e aprofundamento, e a criação de um mecanismo similar aqui é um bom exemplo de como o Brasil pode se beneficiar de práticas bem-sucedidas testadas em outros países.

Objetivo e contribuições da pesquisa

Esta obra visa analisar e mapear os desafios e oportunidades de desenvolvimento do setor ferroviário brasileiro, especificamente os investimentos na construção de novos corredores ferroviários como contrapartida às renovações das atuais concessões ferroviárias e a proposta de reaproveitamento dos ramais ociosos nos moldes das *shortlines* norte-americanas. Conforme documento da CNI *Transporte ferroviário: colocando a competitividade nos trilhos* (CNI, 2018), a renovação das concessões é uma grande oportunidade para motivar novos investimentos das concessionárias, além de promover mudanças nos contratos vigentes, de modo a corrigir suas deficiências regulatórias e aumentar a concorrência no mercado. Uma das principais mudanças é a inserção de novos mecanismos regulatórios como a ampliação do direito de passagem, a simplificação dos mecanismos de entrada de novas empresas no setor, e a viabilização do reaproveitamento dos ramais ociosos que não são de interesse das concessionárias.

A análise dos programas de investimento, das renovações das concessões e da recuperação de ramais ociosos busca identificar e estabelecer relações entre o que foi definido no início de cada proposta, o que realmente foi realizado, bem como os principais entraves e os resultados auferidos em cada plano. A avaliação dos programas de investimento foi feita por meio de uma comparação entre a teoria sobre o setor. Em contrapartida, nas *shortlines*, realizaremos uma comparação entre os países (Estados Unidos e Canadá) onde as práticas de viabilização e incentivo desse tipo de ferrovia mostraram-se bem-sucedidas.

Tendo em vista que as *shortlines* são um fenômeno típico do mercado ferroviário norte-americano, compararemos os sistemas ferroviários do Brasil com os da América do Norte. Além disso, o mercado ferroviário dos Estados Unidos é historicamente o que mais se aproxima de um genuíno livre mercado. Em todos os países analisados (Brasil, Canadá e Estados Unidos), o mercado é organizado de forma verticalizada (com as mesmas empresas detentoras da propriedade da infraestrutura e da prestação dos serviços de transporte), seja por meio de um regime de concessões (Brasil) ou por autorizações (Canadá e Estados Unidos). As ferrovias são predominantemente voltadas para o transporte de mercadorias, enquanto o transporte de passageiros limitado é explorado primordialmente por companhias estatais.

A obra é dividida em 7 capítulos. O primeiro traz uma breve apresentação do tema e sua importância para o desenvolvimento do país, os objetivos do trabalho e as contribuições pretendidas. O segundo apresenta a revisão bibliográfica e o referencial teórico. O terceiro explica a metodologia utilizada na pesquisa. O quarto mostra uma análise do modal ferroviário e suas características. O quinto corresponde à análise documental do desenvolvimento do setor ferroviário brasileiro, seus projetos e desafios atuais. O sexto capítulo apresenta a discussão. Por fim, o sétimo capítulo traz as conclusões e recomendações finais sobre o tema de pesquisa.

Parte II
O TRANSPORTE FERROVIÁRIO

Embarque de passageiros no trem da Estrada de Ferro Amapá, na Estação de Santana, em 7 de abril de 2004.
Foto: João Bosco Setti.

REFERENCIAL TEÓRICO

O modal ferroviário

O transporte ferroviário é caracterizado por sua grande capacidade operacional, sendo mais eficiente e competitivo que o rodoviário para distâncias iguais ou superiores a 600 quilômetros, para o transporte de mercadorias de baixo valor agregado (como minérios, grãos, combustíveis e derivados de petróleo, siderúrgicos etc.) e cargas gerais em contêineres e *pallets* (MIGUEL; REIS, 2015). Segundo a Confederação Nacional do Transporte (CNT, 2013), a capacidade média do transporte ferroviário é de 238 mil toneladas por quilômetro útil (TKU) em comparação às 14 mil TKU do rodoviário. Essa disparidade de custos, eficiência e segurança fica mais acentuada em países de dimensões continentais como o Brasil, em que o uso relativamente baixo das ferrovias implica redução notável da competitividade de diversas cadeias de suprimento.

Apesar dos ganhos de produtividade com a privatização das ferrovias na década de 1990, o modal ferroviário representa pouco na matriz de transportes do Brasil se comparado com outros países continentais. As principais causas disso residem na própria atividade comercial, por exemplo, os vultosos investimentos para viabilizar os empreendimentos ferroviários, bem como a quebra de bitolas, que limita as operações entre diversos subsistemas ferroviários, e a exploração das ferrovias para distâncias maiores, sendo a ferrovia mais vantajosa que a rodovia nesse caso (SANTOS, 2012). Por fim, existem limitações no modelo de exploração do transporte ferroviário no país, como a carência de mecanismos de compartilhamento de infraestrutura e os prazos contratuais relativamente curtos das concessões, que inibem a realização de novos empreendimentos como operações compartilhadas ou construção de novas linhas.

Panorama das ferrovias no Brasil

Segundo dados da Agência Nacional de Transportes Terrestres (ANTT, 2018), a malha ferroviária brasileira possui 29.303 quilômetros de extensão, dos quais 28.218, em sua maioria, são pertencentes à malha das antigas estatais Rede Ferroviária Federal S.A. (RFFSA) e Ferrovia Paulista S.A. (Fepasa) e estão distribuídos em 14 concessões feitas pela União. Os 1.085 quilômetros restantes se dividem em ferrovias particulares, veículos leves sobre trilhos (VLT) e sistemas metroviários. Apesar de ser a décima rede ferroviária mais extensa do mundo, segundo dados de 2018 da Union Internationale des Chemins de Fer (UIC), não consegue atender adequadamente às demandas do país, principalmente devido à distribuição geográfica irregular e à pouca integração entre suas diversas malhas. O sistema ferroviário brasileiro é subordinado ao Ministério dos Transportes e regulado pela ANTT, e dentre seus principais representantes estão a Associação Nacional dos Transportadores Ferroviários (ANTF), a Associação Nacional dos Transportadores de Passageiros sobre Trilhos (ANPTrilhos), a Associação Nacional de Transportes Públicos (ANTP) e a CNT. A divisão da rede ferroviária brasileira por concessões e os novos corredores ferroviários podem ser visualizados na Figura 1.

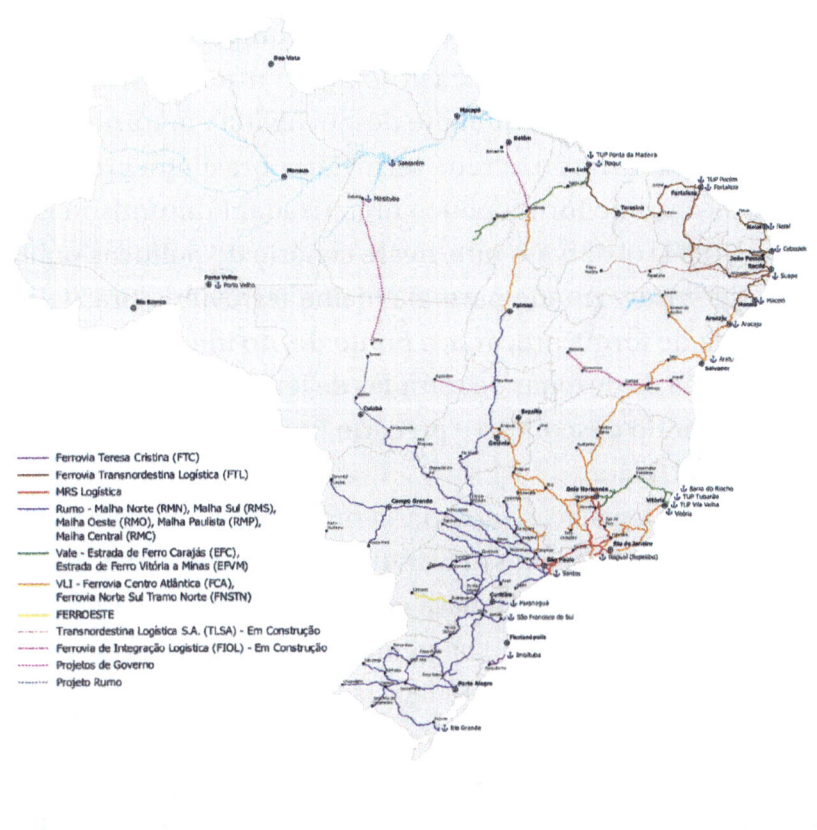

Figura 1 — *Mapa da rede ferroviária brasileira com as atuais concessões e os novos corredores em planejamento.*
Fonte: ANTF, 2020.

História das ferrovias brasileiras

Embora o desenvolvimento das ferrovias esteja profundamente atrelado à necessidade de desenvolver uma rede de transportes que integre a nação, o Brasil sempre enfrentou dificuldades nesse processo. Essencialmente desenvolvida em torno dos corredores de exportação, a rede ferroviária brasileira cresceu nos primeiros anos de forma pouco organizada. Edmundson (2016) e Telles (1984) observam que, nesse cenário de políticas públicas pouco rigorosas, grande parte da malha ferroviária brasileira foi construída de forma precária, a ponto de, no início do século XX, a insolvência de dezenas de estradas de ferro espalhadas pelo território de modo desconexo e precário impactarem seriamente as finanças da União.

A primeira legislação ferroviária brasileira é datada de 1835, e a primeira ferrovia do país, a Estrada de Ferro Petrópolis, foi construída 17 anos depois, com base no Decreto n. 987, de 12 de junho de 1852 (BRASIL, 1852b), e inaugurada no dia 30 de abril de 1854. Pouco depois, já com base na legislação do Decreto n. 641 (BRASIL, 1852a), promulgado duas semanas depois, iniciaram-se as operações das linhas férreas das companhias Recife and San Francisco Railway Company (08/02/1858), E. F. Pedro II (29/03/1858), Bahia and San Francisco Railway Company (28/06/1860), São Paulo Railway (16/02/1867), e Companhia Paulista de Estradas de Ferro (11/08/1872). É importante observar nessas primeiras ferrovias o uso uniforme da bitola de 1,60 m (também denominada bitola larga), que no final do século XIX seria preterida pela bitola de 1 m (bitola métrica).

Ao longo das décadas seguintes, essa legislação foi progressivamente modificada para propiciar um ritmo de crescimento mais rápido à malha ferroviária. Entretanto, como essas medidas contemplavam aumentos nos subsídios e afrouxamento das normas técnicas, houve uma grande quantidade de investimentos ruins, uma vez que deram viabilidade econômica a diversas estradas de ferro que, em condições normais de mercado, não seriam rentáveis. Os principais decretos governamentais responsáveis por isso foram o Decreto n. 5.106, de 5 de outubro de 1872 (BRASIL, 1872), que, pela primeira vez, permitiu que a escolha da bitola ficasse a cargo da companhia ferroviária que construísse a linha, e o Decreto n. 2.450 de 24 de setembro de 1873 (BRASIL, 1873) por meio do qual a União pagava subsídio de 30 contos de réis por quilômetro de linha férrea construída.

O programa de subsídios promoveu um crescimento sem precedentes do setor ferroviário no Brasil: nos 30 anos seguintes, foram construídos 15.652 quilômetros de novas linhas. Nesse período, a expansão ferroviária era principalmente liderada por ferrovias de pequeno porte: das mais de 60 empresas listadas, menos da metade possuía mais de 200 quilômetros de linhas, e apenas a E. F. Central do Brasil (antiga E. F. D. Pedro II) tinha mais de mil quilômetros de extensão (TELLES, 1984). Além disso, vale notar o perfil técnico das novas ferrovias: como não havia mais restrições quanto à bitola a ser utilizada, as novas companhias procuravam se beneficiar dos grandes subsídios construindo linhas em bitolas estreitas, que permitiam traçados mais sinuosos.

Na década de 1880, cerca de 43% das estradas de ferro do Brasil eram operadas por companhias que dependiam dos pagamentos de juros da União, devido às dificuldades em gerar caixa para cobrir seus custos operacionais e de capital (EDMUNDSON, 2016). Com a Proclamação da República (15/11/1889) e as turbulências políticas e econômicas subsequentes que culminaram na Crise do Encilhamento, a crise orçamentária obrigou o governo a suspender os pagamentos de subsídios para várias companhias ferroviárias. Além disso, a depreciação da moeda contribuiu para deteriorar a situação financeira das empresas que importavam grande parte dos equipamentos necessários para expandir e manter as operações. Como mencionado na revista *The Investors' Review*, em 1898, e citado por Edmundson (2016, p. 231):

> O fato de o governo brasileiro se propor a pagar suas garantias ferroviárias durante os próximos três anos em funding bonds é uma questão séria para a sobrevivência das ferrovias brasileiras garantidas. Estas linhas são, num sentido ferroviário, entidades das mais miseráveis; sendo as únicas companhias importantes aquelas que operam sem nenhuma garantia. Nenhuma dessas linhas ganha qualquer coisa parecida com os juros sobre seu capital de debêntures, e a maioria delas opera com prejuízo absoluto. [...] Espalhadas pelo país, sem nenhuma razão objetiva de existir, a sua única vantagem é que normalmente ligam uma parte/região do interior com um porto no litoral. [...] O calote do governo do Brasil agrava uma situação já defeituosa e pode resultar em disputas embaraçosas.

Essa onda de falências levou o governo a lançar o primeiro programa de reestruturação do sistema ferroviário, buscando consolidar diversas linhas de pequeno porte nas mãos de outras companhias e incentivar operações mais escaláveis. Como exemplo, destacamos as companhias Great Western of Brazil Railway e Leopoldina Railway, que logo adquiriram uma série de linhas e ramais de outras empresas ao final do século XIX e início do XX. Entretanto, essa medida não foi suficiente para deter o declínio das ferrovias no longo prazo, haja vista que as transformações do cenário político e econômico, bem como a falta de priorização do transporte ferroviário nas primeiras décadas do século XX inviabilizaram o modelo de negócios ferroviários pretendido com as reformas.

Nunes (2016) observou que esse período marcaria o "fim da era ferroviária" devido ao surgimento das primeiras dificuldades enfrentadas pelo setor e o esgotamento consequente do modelo de negócios que predominou até a década de 1930. As principais causas desse declínio foram:

- **inflação**: como a maioria dos bens de capital (locomotivas, vagões, carros, equipamentos diversos etc.) utilizados pelas companhias ferroviárias eram importados, a depreciação cambial dificultou a compra de novos equipamentos nos anos seguintes à Proclamação da República;

- **pressões salariais**: com a desvalorização cambial e a consequente perda de poder de compra (já que boa parte dos bens de consumo na época vinham do exterior), a classe profissional dos ferroviários já organizada começou a exigir reajustes salariais;

- **diversificação do perfil de transporte**: no final do século XIX, a diversificação da economia nas regiões atendidas pelas ferrovias, com o crescimento da demanda por transporte de animais, bagagens e outras mercadorias de menor porte — inclusive bastante inadequadas ao modal ferroviário —, que exigiam operações mais intensivas em manobras e mão de obra. E como os contratos de concessão da época obrigavam as ferrovias a aceitarem todo tipo de transporte, o aumento de mão de obra nessas operações, somado às pressões salariais, maximizou os custos de operação.

- **início da concorrência com o modal rodoviário**: a partir da década de 1920, o surgimento dos primeiros caminhões e ônibus nas estradas brasileiras reduziu a rentabilidade das ferrovias de menor porte, dedicadas ao transporte de mercadorias de pequenos volumes.

Na primeira metade do século XX, o mercado ferroviário foi marcado pelo avanço gradual da participação estatal no setor ferroviário, pela redução no ritmo de expansão das ferrovias e pela crescente concorrência com o modal rodoviário, o que impactou seriamente a rentabilidade das ferrovias e, consequentemente, as finanças públicas. Entretanto, não houve uma decadência total do sistema ferroviário, mas a desativação de alguns serviços que extrapolavam o modelo de negócios das ferrovias, eliminando alguns ramais e ferrovias considerados antieconômicos pela baixa capacidade de transporte e pela pouca competitividade frente ao modal rodoviário. Como descreve Nunes (2008, p. 137):

> as ferrovias não foram "abandonadas" e, muito menos, passaram por um processo generalizado de desmonte. Na verdade, foram desativados apenas alguns serviços de seu modelo de negócios, principalmente aqueles cujas funções "extrapolavam" os propósitos da exportação de mercadorias provenientes do interior do país em direção aos portos. Os milhares de quilômetros de linhas erradicados, em sua maioria, pertenciam a pequenas ferrovias e ramais que, desde a década de 1920, enfrentavam a concorrência dos automóveis, caminhões e "jardineiras", em seus respectivos trechos. Vale lembrar que a maior parte das linhas havia sido implantada para atender a uma maior demanda de transportes externa à região. Estavam direcionadas aos portos e possuíam uma estrutura pouco voltada para a integração física com outras regiões subnacionais ou com os demais países vizinhos. Eram utilizadas, até a chegada do caminhão e ônibus, para quase todo tipo de transportes terrestres — inclusive para transportar mercadorias bastante inadequadas àquele modal. Haveria ainda, dentre outros, problema estrutural do modelo de negócios destas empresas que, construídas, em sua maioria, no final do século XIX e início do XX, pouco conseguiram se adaptar à concorrência dos outros modais, a partir da década de 1950. Foram, portanto, as pequenas ferrovias ou pequenos ramais considerados antieconômicos que, após a completa encampação do sistema ferroviário, acabaram riscadas do mapa ferroviário sul-americano.

Edmundson (2016) observa que, nas primeiras décadas do século XX, o governo federal promoveu consolidações no setor ferroviário de modo que as maiores empresas pudessem gerir mais economias de escala nas operações. Por exemplo, pode-se destacar as companhias Great Western of Brazil e Leopoldina Railway, que incorporaram diversas outras estradas de ferro de pequeno porte, integrando-as em redes mais abrangentes. Contudo, essa política falhou em conter o déficit do sistema ferroviário, devido à crescente concorrência do modal rodoviário da década de 1930 em diante.

Entre 1952 e 1954, a Comissão Mista Brasil-Estados Unidos (CMBEU, 1954) elaborou um amplo programa de reestruturação do sistema ferroviário, contemplando investimentos nas principais estradas de ferro do país, a centralização da administração das diversas companhias pertencentes à União em uma única entidade (a RFFSA, criada em 1957), reunindo cerca de vinte ferrovias sob a mesma gestão) e a erradicação das linhas de baixa capacidade que operavam com prejuízos cada vez maiores. Com exceção das ferrovias paulistas, a CMBEU afirmava que a maioria das ferrovias deficitárias possuía traçados com pouca finalidade e integração com o restante da malha ferroviária, além de densidade de tráfego insignificante, por causa de uma série de fatores:

» instabilidade nos quadros administrativos;
» pressões políticas locais;
» variedade de bitolas;
» influências políticas determinando o rumo dos traçados;
» excessiva dependência dos mercados estrangeiros para manutenção técnica;
» equipamentos obsoletos.

No entanto, a CMBEU (1954) não propôs nenhum projeto de integração ou modernização dessas linhas, mas a sua desativação, como no caso dos ramais deficitários da Estrada de Ferro Leopoldina:

> Grande parte dos déficits era devida à manutenção do tráfego em linhas deficitárias e, ao que tudo indica, desnecessárias. Com a criação de novas estradas de rodagem e a melhoria das rodovias existentes que incentivam o transporte rodoviário, tanto para carga como para passageiros, é natural esperar que as linhas enumeradas nessa parte do relatório se tornem menos necessárias do que atualmente o são (CMBEU, Projeto 28, 1954).

Nos anos seguintes, a erradicação de ramais deficitários foi feita de forma controversa devido à crescente preferência da classe política pelo modal rodoviário. Esse processo teve início com o Decreto-lei n. 2.698, de 27 de dezembro de 1955 (BRASIL, 1955), que estabelecia um mecanismo para eliminar tais linhas e usar parte da arrecadação dos impostos sobre combustíveis e lubrificantes para pavimentar rodovias em substituição das ferrovias. Como observam Nunes (2002) e Paula (2000), mesmo que essa racionalização das malhas ferroviárias estivesse ocorrendo no mundo todo, no Brasil, esse processo teve um caráter de política pública antiferroviária, dada a pouca consideração do poder público por critérios não contábeis, à relação custo-benefício dessas linhas e à possibilidade de melhorias e revitalização dos ramais em questão.

Tabela 1 — Reestruturações do sistema ferroviário sob a gestão da RFFSA

1957-1969	1969-1975		1975-1998	1998-
Estradas de Ferro	Divisões	Sistemas Regionais / Mudanças	Superintendências	Concessões
E. F. Madeira Mamoré	Desativada em 1972			
E. F. Bragança	Desativada em 1964			
E. F. São Luis - Teresina	1ª Divisão Maranhão-Piauí	Sistema Regional Nordeste	SR12 - São Luís	Malha Nordeste
E. F. Central do Piauí	Rede de Viação Cearense	2ª Divisão Cearense	SR1 - Recife	SR11 - Fortaleza
Rede de Viação Cearense				
Rede Ferroviária do Nordeste	3ª Divisão Nordeste		SR1 - Recife	
Viação Férrea Federal Leste Brasileiro	4ª Divisão Leste	Sistema Regional Centro	SR7 - Salvador	Malha Centro-Leste
Rede Mineira de Viação	Viação Férrea Centro-Oeste (1965)	5ª Divisão Centro-Oeste	EFBM desativada em 1966	SR2 - Belo Horizonte
E. F. Bahia Minas				
E. F. Goyaz				
E. F. Central do Brazil	6ª Divisão Central		14ª Divisão Centro-Norte		Malha Sudeste
		8ª Divisão Subúrbios do Grande Rio	SR3 - Rio de Janeiro	SR3 - Juiz de Fora	Malha Centro-Leste
E. F. Leopoldina	7ª Divisão Leopoldina			SR8 - Campos de Goytacazes

O transporte ferroviário

E. F. Santos a Jundiaí	9ª Divisão Santos-Jundiaí	Sistema Regional Centro-Sul		SR4 - São Paulo	SR4 - São Paulo	Malha Sudeste
E. F. Noroeste do Brazil	10ª Divisão Noroeste			SR10 - Bauru	Malha Oeste
Rede de Viação Paraná - Santa Catarina	11ª Divisão Santa Catarina	Sistema Regional Sul		SR5 - Curitiba	Malha Sul
E. F. Santa Catarina	Desativada em 1971				
E. F. Donna Thereza Cristina	12ª Divisão Tereza Cristina		SR6 - Porto Alegre	SR9 - Tubarão	Malha Tereza Cristina
Viação Férrea do Rio Grande do Sul	13ª Divisão Rio Grande do Sul			SR6 - Porto Alegre	Malha Sul

Fonte: Centro-Oeste,1993.

A reforma do sistema ferroviário ganhou impulso com o Plano de Metas de Juscelino Kubitschek (1956-1961), em um contexto de priorização do transporte rodoviário e da reorganização das ferrovias em torno da logística de *commodities* para exportação. Segundo Carvalho e Paranaíba (2016), o argumento desenvolvimentista da época baseava-se na premissa de que a indústria automotiva, por apresentar um maior encadeamento com outras indústrias complementares, contribuiria mais para o desenvolvimento do parque industrial nacional. Esse modelo de negócios perdurou até a década de 1980, quando se esgotaram os recursos públicos para as estatais da RFFSA e da Fepasa, e os investimentos só foram retomados após a desestatização de ambas no Programa Nacional de Desestatização. A privatização da RFFSA ocorreu entre os anos de 1996 e 1997, sendo a Fepasa anexada[2] à Rede por meio do Decreto n. 2.502, de 18 de fevereiro de 1998 (BRASIL, 1998) e privatizada em 10 de novembro do mesmo ano, conforme listado a seguir:

- 05/03/1996: Leilão da Malha Oeste (SR10 — Bauru), vencido pela Novoeste S.A.
- 14/06/1996: Leilão da Malha Centro-Leste (SR2 — Belo Horizonte, SR8 — Campos; posteriormente incluída a SR7 — Salvador), vencido pela Ferrovia Centro-Atlântica S.A.
- 20/09/1996: Leilão da Malha Sudeste (SR3 — Juiz de Fora e SR4 — São Paulo), vencido pela Malha Regional Sudeste Logística S.A.
- 26/11/1996: Leilão da Malha Tereza Cristina (SR9 — Tubarão), vencido pela Ferrovia Tereza Cristina.
- 13/12/1996: Leilão da Malha Sul (SR5 — Curitiba e SR6 — Porto Alegre), vencido pela Ferrovia Sul Atlântico.
- 18/07/1997: Leilão da Malha Nordeste (SR1 — Recife, SR11 — Fortaleza e SR12 — Salvador), vencido pela Companhia Ferroviária do Nordeste.
- 10/11/1998: Leilão da Malha Paulista (antiga Fepasa), vencido pela Ferrovias Bandeirantes S.A.

Entretanto, a privatização das ferrovias pouco alterou a dinâmica de mercado do setor, pois os contratos de concessão tinham poucos incentivos concorrenciais, pouca clareza quanto a investimentos, manutenção, transferência ou relicitação de trechos que não fossem

---

2   O projeto original de privatização da Fepasa consistia na realização de duas concessões — uma para os serviços de transporte de carga nas linhas de bitola larga e outra para as de bitola métrica — e de uma parceria público-privada (PPP) para os serviços de passageiros. Porém, devido a atritos entre o governo federal e o governo de São Paulo referente à dívida de São Paulo, as estatais Fepasa e Companhia de Entrepostos e Armazéns Gerais de São Paulo (Ceagesp) foram entregues à União e, com a anexação da RFFSA, o processo de concessão foi semelhante ao do restante da malha da rede.

de interesse das concessionárias. Carvalho e Paranaíba (2019) observam que a principal causa é o uso do tráfego mútuo[3] em vez do direito de passagem,[4] o que desincentiva as concessionárias a buscarem cargas fora de sua área de concessão. E, como observa Nunes (2008, p. 260), a privatização não representou nenhuma mudança no setor, mas a continuação de um modelo de negócios que já era praticado pelas estatais desde as décadas de 1950 e 1960:

> Sob gestão privada, a partir da década de 1990, repete-se o "mais do mesmo" na operação das malhas férreas sul-americanas, já desenvolvido na região desde a década de 1950. Sob essa nova direção, as novas empresas ferroviárias não só assimilaram como aprimoraram velhas estratégias das administrações férreas estatais que as antecederam: (i) erradicação de quase a totalidade dos trens de passageiros, que ainda resistiam; aumento substancial do transporte de cargas de uns poucos clientes, que transportam muito de poucos produtos; e redução do quadro de funcionários, buscando maior produtividade por ferroviário empregado (NUNES, 2008, p. 270).

Como consequência, havia poucos incentivos para a expansão da malha ferroviária, e grande parte das linhas existentes permaneceram voltadas exclusivamente para fluxos de *commodities* para exportação. Conforme a CNI (2018), apesar de o transporte ferroviário de cargas ter crescido em média 3,8% ao ano entre 2001 e 2017, a maior parte desse crescimento adveio do aumento do transporte de minério de ferro, que cresceu em média 5,4% ao ano, enquanto os demais tipos de carga aumentaram a um ritmo

---

[3] Mecanismo de compartilhamento de infraestrutura em que a composição de uma companhia ferroviária precisa trocar de locomotivas para prosseguir na malha de outra.

[4] Mecanismo de compartilhamento de infraestrutura em que as composições e locomotivas entre as companhias ferroviárias podem circular livremente nas linhas de ambas.

de apenas 0,4% ao ano. Segundo Carvalho e Paranaíba (2019), a principal causa desse fenômeno são os contratos de concessão, que foram desenhados para priorizar a redução de acidentes e produtividade operacional e continham poucos incentivos para a concorrência intramodal, o compartilhamento de infraestrutura, a expansão da malha, e a entrada de novas empresas no mercado.

Além disso, os incentivos para o modal rodoviário continuaram ao longo das duas décadas seguintes, por meio de subsídios para a compra de caminhões, o que contribuiu para reduzir ainda mais a atratividade do modal ferroviário. Em decorrência da crise fiscal de 2018, o foco da política de transporte ferroviário foi deslocado para a questão de aumentos de investimentos na malha ferroviária, melhorias na concorrência no setor, revitalização de trechos ociosos e expansão da rede ferroviária atual. Como proposto pela CNI (2018), a renovação das concessões mediante garantias de direito de passagem e acesso da malha a terceiros, bem como a construção de novas ferrovias, é uma janela de oportunidade adequada para mudanças no sistema ferroviário. E, em 2020, o governo federal iniciou o processo de renovação das concessões, garantindo investimentos na expansão da malha ferroviária, assim como algumas discussões a respeito da viabilização de *shortlines* no cenário nacional, que serão discutidas mais adiante.

Monopólios e concorrência no mercado ferroviário

Especialistas e agências reguladoras parecem concordar que é preciso estimular a concorrência no setor de transporte ferroviário para aumentar sua eficiência (PINHEIRO; RIBEIRO, 2017). Por outro lado, há um amplo debate sobre como alcançar esse objetivo, que gira em torno de como promover a competição: praticando a separação vertical (*vertical unbundling*) ou preservando a integração vertical.

Na separação vertical, operador ferroviário e gestor de malha assumem funções separadas, e a concorrência ocorre apenas nos serviços de transporte. Daychoum e Sampaio (2017) afirmam que a principal premissa desse modelo é que a infraestrutura ferroviária é um monopólio natural, e a concorrência só é possível no mercado de prestação de serviços. Já na integração vertical, as companhias ferroviárias se mantêm proprietárias da infraestrutura e dos serviços de transporte, concorrendo entre si em ambas as atividades (DURÇO, 2011). Entretanto, a discussão sobre esses dois modelos costuma ser superficial, pois os autores mencionados concordam que ferrovias são um tipo de monopólio natural que precisa ser regulado pelo Estado.

No entanto, esses modelos teóricos têm se mostrado cada vez mais limitados para explicar o funcionamento do mercado ferroviário, principalmente no contexto da desregulamentação do setor. Já a Escola Austríaca de Economia tem uma visão particular sobre a concorrência e o monopólio. Analisaremos a seguir as divergências entre as perspectivas austríaca e neoclássica, argumentando em favor da primeira como mais adequada para compreender o funcionamento do mercado ferroviário.

A teoria neoclássica de monopólio natural

Na teoria econômica *mainstream* (neoclássica), a competição é analisada por diferentes modelos, com diferentes premissas e resultados. Como argumenta Bastos (2016), os principais parâmetros são: (I) tipo de produto; (II) condições de entrada e saída; (III) número e tamanho das empresas e consumidores; e (IV) informação. Desses itens, os três primeiros são os mais importantes para analisar o setor ferroviário, pois se referem, respectivamente, à diferenciação de produtos e serviços, à liberdade de entrada no mercado e às economias de escala.

No modelo de concorrência perfeita — que serve de base para a análise convencional — temos um arranjo atomizado, em que pequenos produtores e consumidores oferecem uma quantidade mínima de um mesmo bem homogêneo. Nesse arranjo, os preços se igualam ao custo marginal e nenhum agente econômico consegue influenciar o mercado ou praticar preços diferentes dos estabelecidos pelo mercado. Assim, práticas como diferenciação de produtos ou de preços (que os economistas clássicos consideravam parte essencial do processo competitivo) se transformaram em sinais de prática anticompetitiva por afastarem o mercado da condição "ideal" de equilíbrio.

Na teoria neoclássica, portanto, a maioria dos mercados é classificada como concorrência imperfeita, em que os produtores controlam os preços dos produtos. Por sua vez, o setor ferroviário é definido como um monopólio natural, em que o mercado é mais eficientemente servido por uma única firma devido às barreiras à entrada impostas pelas economias de escala, que inviabilizam a concorrência perfeita. Como descreve Samuelson:

> Sob constantes custos decrescentes para as firmas, uma ou algumas empresas expandirão suas produções de forma que tomarão uma parcela significativa do total do mercado. Então, nós terminaríamos com (I) uma única firma monopolista dominando toda a indústria; (II) um pequeno grupo de grandes firmas dominando o mercado... ou (III) alguma forma de competição imperfeita que, ou é estável ou se encontra em uma intermitente guerra de preços, em uma notória ruptura do modelo econômico de competição "perfeita" no qual nenhuma firma tem controle sobre os preços ou o mercado (1964, s. p.).

Segundo Pindyck e Rubinfield (2002), essa estrutura de mercado permite à empresa cobrar preços acima do custo marginal, afastando o mercado da alocação eficiente que é possível na concorrência perfeita. Assim, para reduzir os malefícios sociais do monopólio, propõe-se a intervenção governamental por meio de um órgão que regule as empresas privadas ou a estatização do setor, com gestão direta de uma empresa estatal (DURÇO, 2015). Assim, o governo deve intervir no mercado para obter as alocações de recursos que um mercado desregulado não pode atingir, como mostrado na Figura 2.

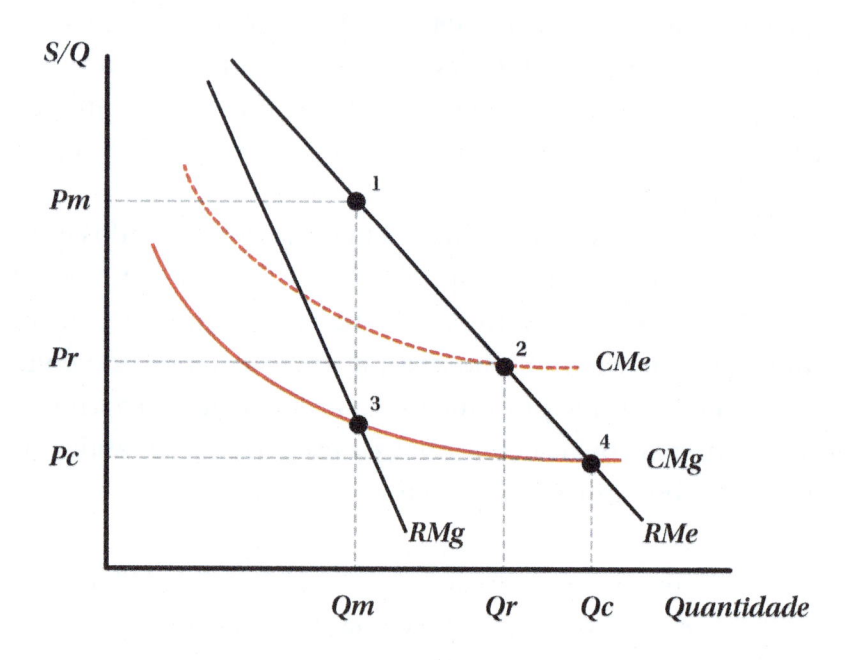

Figura 2 — Estrutura de mercado de um monopólio natural.
Fonte: Pindyck e Rubinfield, 2002. (Adaptada.)

De acordo com essa figura, na ausência de regulação, a empresa produz a quantidade de monopólio Qm e a oferta de mercado ao preço de monopólio Pm (Ponto 1). O regulador deve então fixar o preço em Pr, a firma produz a maior quantidade possível de Qr, sendo o preço Pr igual ao seu custo médio CMe (Ponto 2). Porém, se o preço for fixado igual ao custo marginal em Pc, a firma produz a quantidade Qc, porém incorre em prejuízos, podendo exigir subsídios ou deixar a indústria (Ponto 4).

A teoria austríaca de monopólio

Enquanto a análise neoclássica adota uma visão mecanicista, buscando alocações eficientes, os austríacos criticam os monopólios em dois pontos menos abordados pelos neoclássicos: a liberdade de entrada e saída no mercado (BASTOS, 2016). Em primeiro lugar, questiona-se o modelo de concorrência perfeita como ferramenta de análise e comparação de situações de monopólio, bem como a influência das preferências dos consumidores sobre a alocação de recursos no mercado. Além disso, questiona-se também se as regulações governamentais podem gerar alocações eficientes no mercado. As críticas[5] austríacas ao modelo de concorrência perfeita enfatizam que ele não passa de uma abstração inexistente no mundo real — fato reconhecido pela maioria dos economistas. Armentano observa (1978, p. 96):

> A maioria dos economistas concorda que não existe concorrência perfeita. Alguns concordariam, talvez relutantes, que nem seria desejável ou ótimo que ela existisse (se concordam com isso, obviamente, também concordam que avançar em direção a ela tampouco é necessariamente desejável). Mas poucos enfatizaram a falha fundamental desse modelo: o fato de não descrever nenhum tipo de concorrência. É uma condição está-

---

5   A concorrência perfeita no mercado de *commodities* pode ser refutada de duas formas: a normativa e a positiva. A primeira consiste na questão normativa de se chamar as condições descritas (no modelo de concorrência perfeita, como a presença de produtos homogêneos) de perfeitas, como se fossem um ideal de "concorrência justa" a ser almejado nos demais mercados. E a segunda consiste no fato de que o que compete no mercado de *commodities* não é apenas o produto homogêneo, mas um "fluxo de *commodities*". Dificilmente os consumidores compram *commodities* apenas uma vez, e o que normalmente ocorre é a compra de um fluxo de *commodities*, no qual se pode comprar com frequência, qualidade e a preços que flutuem pouco. E justamente por ter um produto comum, os produtores buscam se diferenciar de outras formas, sendo a mais relevante neste caso a confiança. Vendas esporádicas acontecem, mas geralmente seguem outra regra, com um mercado diferente e produtores especializados em identificar e suprir essas demandas incomuns.

tica de equilíbrio cujas premissas, por definição, descartam o processo competitivo. Ou, colocado de outra forma, embora a concorrência perfeita possa descrever o resultado final de uma situação específica de concorrência, não descreve o processo competitivo que produziu esse resultado. A teoria da concorrência perfeita não é uma teoria da concorrência como tal.

O principal problema desse modelo é o fenômeno que Demsetz (1969) chamou de "falácia de nirvana", que é a comparação do mundo real com um arranjo irreal, segundo o qual o mundo real é imperfeito. Já que as condições de concorrência perfeita não admitem práticas de diferenciação (produto ou preço) ou economias de escala, essas práticas intrínsecas à atividade empresarial e ao processo competitivo deixaram de ser vistas como virtudes de uma economia de mercado para se tornarem fontes potenciais de formação de monopólios. E, de fato, como relata DiLorenzo (1985), a criação da ICC para regulamentar as ferrovias nos Estados Unidos não refletiu a opinião dos economistas da época, que não consideravam esse setor um monopólio ou que as fusões entre empresas ou economias de escala ameaçassem as atividades concorrenciais. Pelo contrário, o surgimento da teoria do monopólio natural ocorreu apenas décadas depois, buscando formalizar um aparato regulatório já existente.

Além disso, a teoria convencional (neoclássica) é baseada em premissas e definições pouco claras para explicar o problema do monopólio, como as regiões de atuação em que as empresas podem ser consideradas monopolistas. Além disso, ela também considera que economias de escala e diferenciação de produtos e serviços limitam a concorrência, pois dificultam a entrada de novas empresas se comparada a um mercado de produtos homogêneos. Entretanto, essas condições definidas como monopólio de espaço limitado e monopólio de produto único (frequentemente descrita na literatura neoclássica como concorrência monopolística), não encontram sentido prático por serem muito abrangentes, como descreve Rothbard (2004, p. 703):

Em primeiro lugar, esse "monopólio de espaço limitado" é apenas um caso no qual somente uma empresa é rentável numa determinada área. O número de empresas rentáveis em qualquer segmento de produção é uma questão institucional e depende de dados concretos como o nível de demanda dos consumidores, o tipo de produto vendido, a produtividade física dos processos, o fornecimento e precificação dos fatores de produção, a previsão dos empreendedores, etc. Limitações espaciais costumam ter pouca importância; veja o caso das mercearias: os limites espaciais podem permitir apenas o menor dos "monopólios" — o monopólio sobre a parte da calçada de propriedade do vendedor. Por outro lado, podem haver situações em que apenas uma empresa é viável na indústria. Mas vimos que isso é irrelevante; "monopólio" é uma denominação sem sentido, a menos que preços de monopólio sejam alcançados, e, de novo, não há como determinar se o preço cobrado pelo bem é um "preço de monopólio" ou não.

Já a segunda definição — monopólio por produto único — encara a mesma dificuldade, já que quaisquer diferenças entre dois bens ou serviços — especialmente aquelas notadas pelos consumidores — bastam para torná-los únicos e, por definição, monopolistas (ROTHBARD, 2004). Em última instância, todo empreendedor é monopolista nos serviços que presta, pois, no livre mercado, cada indivíduo tem controle exclusivo sobre sua propriedade. Afirmar que tudo é monopólio é uma definição estéril e pouco precisa. Além disso, o objetivo da livre concorrência é precisamente oferecer produtos diferentes para consumidores com necessidades diferentes, em especial em um mercado como o de serviços de transporte ferroviário, portanto existir concorrência perfeita seria pouco útil para os consumidores. Nas palavras de Hayek (1948, p. 364), "a função da concorrência é, aqui, precisamente, de nos ensinar a quem irá nos bem servir".

Armentano (1978) confirma a irrelevância de economias de escala na restrição da concorrência, ressaltando a importância das preferências dos consumidores na alocação de recursos no mercado. A presença de ganhos de escala, assim como a diferenciação de produtos (características que, na literatura tradicional, atribuem poder de mercado às empresas), só configura uma vantagem competitiva caso os consumidores demonstrem preferências pelos produtos e serviços delas. Afinal, em um mercado desobstruído, os consumidores têm liberdade para escolher os serviços de outras empresas, e se não o fazem, indicam que consideram os recursos bem alocados. E é exatamente porque os consumidores consideram os recursos bem alocados que a entrada de concorrentes potenciais fica prejudicada. Condenar as economias de escala e os serviços diferenciados é, portanto, condenar as alocações de recursos preferidas pelos consumidores. Como conclui o autor, "é a visão do economista da concorrência perfeita que é frustrada pela firma grande e eficiente, e não a eficiência alocativa da perspectiva do consumidor" (p. 98).

Isso também pode ser afirmado sobre a questão da duplicação de infraestrutura. Um dos argumentos mais comuns a favor da monopolização das ferrovias é que monopólios seriam preferíveis à livre concorrência porque a duplicação da infraestrutura, quando viável, seria inconveniente aos consumidores. Seria muito caro para a sociedade ter mais de uma companhia ferroviária, empresa de fornecimento de energia elétrica ou distribuição de água e gás construindo, respectivamente, trilhos, redes e encanamentos pelas cidades. Novamente, as preferências dos consumidores são responsáveis pelo monopólio e dificuldade de duplicação, e não a existência de algum impeditivo à concorrência.

Ainda, no caso do setor ferroviário, a garantia de direitos de propriedade quanto à construção e compartilhamento da infraestrutura permite operações compartilhadas por mais de uma companhia, tornando irrelevante a questão de duplicações excessivas ou inconvenientes. A única forma de termos infraestrutura adequada é por meio de um ambiente de livre mercado em que haja liberdade para construí-la, pois, em um mercado desobstruído, as duplicações só ocorreriam em resposta à demanda dos consumidores. Logo, quaisquer determinações políticas que contemplem a monopolização de infraestrutura sob o argumento de ser mais "conveniente" ou "racional" gerará apenas má alocação de recursos quando, talvez, a duplicação fosse a solução mais adequada.

Por fim, questiona-se a questão do controle do monopólio devido a uma contradição em suas premissas: definir um preço como monopolista quando há restrição na quantidade ofertada do bem ou serviço, pressupõe que já houve uma restrição anterior no preço e quantidade já conhecida e neutralizada pelo mercado. Se um regulador pudesse conhecer os preços e quantidades que prevaleceriam em um estado de livre concorrência, e que esses se dessem de forma automática e independente da atividade empresarial, poderíamos eliminar as demais variáveis que permitem que a competição ocorra (como a propriedade privada e o empreendedor como agente econômico). Afinal, a liberdade de mercado só faz sentido porque os agentes desconhecem as grandezas envolvidas no processo produtivo, e essas grandezas dependem da ação humana, como argumenta Mises (1990, p. 460):

> Preços são um fenômeno de mercado. São gerados pelo processo de mercado e são a parte essencial da economia de mercado. Não existem preços fora da economia de mercado. Eles não podem ser fabricados como se fossem um produto sintético. Resultam de certa constelação de circunstâncias, ações e reações dos membros de uma sociedade de mercado. [...] Por trás dos esforços que procuram determinar preços sem mercado está a noção confusa e contraditória de custos reais. Se os custos fossem uma coisa real, isto é, uma quantidade independente de julgamentos pessoais de valor, seria possível a um árbitro imparcial determiná-lo e, consequentemente, o preço correto. Não há necessidade de nos estendermos sobre o absurdo contido nessa ideia. Custo é um fenômeno de valoração. [...] Não pode ser definido sem que se faça referência à valoração.

É um fenômeno de valoração e não tem nenhuma relação direta com fenômenos físicos ou de qualquer natureza do mundo exterior. [...] O mesmo se aplica a preços monopolísticos. É de todo conveniente que não se adotem políticas que possam resultar no surgimento de preços monopolísticos. Mas, quer os preços monopolísticos sejam determinados por políticas governamentais pró-monopólio, quer se devam à ausência de tais políticas, nenhuma "investigação" ou especulação acadêmica tem condições de descobrir qual seria o preço ao qual a demanda igualaria a oferta. O fracasso de todas as tentativas para encontrar uma solução para o monopólio de espaço limitado, no caso dos serviços públicos, prova claramente essa verdade.

A ideia de que uma agência reguladora pode controlar o mercado também se baseia na premissa de que o regulador é capaz de produzir melhores alocações de recursos que os próprios empreendedores em livre concorrência. A viabilidade de uma regulação estatal para obter tais alocações, como argumenta Bastos (2016), baseia-se no que pode ser definido como um "duplipensar" metodológico: o ambiente de mercado é formado por indivíduos falíveis e autointeressados, enquanto o governo é uma entidade concreta, incorruptível e onisciente, livre de falhas humanas. Esse arranjo proposto pela teoria neoclássica, argumenta Stigler (1971), desconsidera os interesses dos agentes econômicos e possui uma alta propensão ao conluio entre reguladores e regulados, o que se costuma chamar de captura regulatória. É provável que ela ocorra no longo prazo devido ao maior poder de barganha e interesse das empresas reguladas (menos numerosas, mais organizadas e interessadas na regulação) em comparação aos consumidores, normalmente mais numerosos e dispersos. Esse cenário se agrava devido aos frequentes conflitos de interesse no processo regulatório. Não é incomum que muitos membros de agências reguladoras sejam egressos de empresas reguladas, dada a dificuldade de encontrar especialistas na indústria que não tenham trabalhado nas próprias empresas.

Considerações finais

Assim, ficam evidentes as divergências entre as escolas austríaca e neoclássica no que tange à concorrência e ao monopólio no setor ferroviário. Para a primeira, o mercado é um processo contínuo de descoberta em que a criação de serviços diferenciados é uma maneira de buscar novas formas de atender aos consumidores. Para a segunda, não há nada a ser descoberto — os agentes apenas maximizam funções conhecidas a partir de variáveis conhecidas.

O método convencional peca por analisar a questão dos monopólios sob uma óptica mecanicista, utilizando o modelo de concorrência perfeita como base de análise, enquanto o austríaco prioriza o entorno institucional no qual os agentes coordenam o uso de recursos escassos segundo as preferências dos consumidores. Devido à preocupação excessiva com a obtenção de alocações consideradas eficientes, os crescentes bloqueios à atividade concorrencial — a verdadeira causa de monopólios — foram paulatinamente ignorados, prejudicando enormemente o mercado ferroviário no século XX. Como exemplos, podemos citar o declínio da indústria ferroviária norte-americana durante a segunda metade do século XX, que só foi revertido com a desregulamentação do Staggers Rail Act em 1980, e a privatização das ferrovias brasileiras, que buscou criar concessões monopolistas sob um regime de imposição de metas operacionais em detrimento de uma verdadeira abertura de mercado no setor. A adoção dos conceitos corretos de concorrência e monopólio é, portanto, essencial para o desenvolvimento de políticas públicas mais adequadas à construção de um ambiente de negócios baseado na livre concorrência e propício ao desenvolvimento do setor.

Concessões ferroviárias

Conforme definido pela Lei n. 10.233 (BRASIL, 2001), o sistema ferroviário federal pode ser explorado por meio de concessão, permissão ou autorização. O regime de concessões é utilizado quando se trata de exploração de infraestrutura de transporte público, precedida ou não de obra pública, e de prestação de serviços de transporte associados à exploração da infraestrutura. Com efeito, a ampla maioria da rede ferroviária é explorada por concessões, tendo em vista que pertencia a empresas estatais até a década de 1990.

Já o modelo de permissão é utilizado quando se trata da prestação regular de serviços de transporte ferroviário de passageiros, desvinculado da exploração de infraestrutura. Por fim, a autorização só é aplicável em caráter de emergência, pelo prazo máximo de 180 dias. Embora seja mais flexível que o modelo de concessão, os mecanismos de permissão e autorização não são utilizados no Brasil por serem restritos a situações específicas e porque virtualmente nenhuma ferrovia do país se enquadra nesses critérios. Com a proposta das *shortlines* que será discutida mais adiante, propomos uma ampliação do mecanismo de autorização, que busca simplificar os processos de entrada e saída no mercado, bem como flexibilizar a fixação de tarifas.

Segundo Takasaki (2014), a exploração das atividades ferroviárias pode ser vertical ou horizontal. No primeiro regime, as mesmas empresas exploram a infraestrutura ferroviária e a prestação dos serviços de transportes. É o modelo de negócios predominante nos Estados Unidos e Canadá, onde o sistema ferroviário é explorado majoritariamente por empresas privadas. Com ferrovias verticalmente integradas, espera-se que a concorrência intramodal ocorra por meio da duplicação ou compartilhamento de infraestrutura, como acontece na Costa Leste dos Estados Unidos onde a Norfolk Southern e a CSX Transportation concorrem entre si, enquanto diversas ferrovias menores (*shortlines*) concorrem pelo acesso às companhias principais.

O mesmo modelo também foi adotado nas concessões ferroviárias latino-americanas criadas no final do século XX, onde os governos tentaram transferir integralmente os ativos para a iniciativa privada, visando desonerar os cofres públicos. Pinheiro e Ribeiro (2017) observam que, nesse caso, buscou-se a concorrência entre grupos interessados em assumir as operações ferroviárias, de modo que, em um leilão competitivo, o resultado seria melhores condições de operação, protegidas pelos contratos de concessão. Todavia, essas concessões (como no caso brasileiro) apresentam baixa concorrência intramodal devido à pouca integração entre as malhas ferroviárias. Ainda, como observam Miguel e Reis (2015), o tráfego mútuo, e não o direito de passagem, rege o uso comum entre as concessionárias, o que as desincentiva a captar cargas fora de sua área de atuação e realizar operações compartilhadas.

Já a separação vertical consiste na exploração da infraestrutura ferroviária e dos serviços de transporte por empresas distintas. A desverticalização foi inicialmente implantada na Suécia em 1988, no Reino Unido, em 1995, e posteriormente se tornou compulsória por meio de diretivas nacionais nos demais países da União Europeia (WORLD BANK, 2011). Como definido pela Organização para a Cooperação e Desenvolvimento Econômico (OECD, 2013), a separação dessas atividades busca reduzir a discriminação e aumentar a concorrência em situações em que a duplicação de infraestrutura é impossível ou é muito custosa.

Porém, Van de Velde *et al.* (2012) observam que a separação vertical aumenta os custos operacionais em condições de alta densidade de tráfego e que não há evidências significativas de que ela seja menos custosa que a integração vertical em condições medianas de tráfego. Além disso, os autores afirmam que há poucas evidências de que a desverticalização contribua significativamente para a ampliação da participação do modal ferroviário na matriz de transportes.

Entre 2012 e 2016, aventou-se por meio do Decreto n. 8.129/2013 a desverticalização no sistema ferroviário brasileiro para reduzir a concentração de mercado no setor e aumentar a concorrência intramodal (CARVALHO; PARANAÍBA, 2016). Entretanto, essa ideia foi revogada pelo Decreto Presidencial n. 8.875/2016 (BRASIL, 2016b), que manteve a operação ferroviária no modelo verticalizado.

Na década de 2010, começaram as discussões sobre a renovação das concessões ferroviárias, já que as concessões estabelecidas na década de 1990 duravam 30 anos, prorrogáveis por mais 30. Em 2015, a renovação antecipada das concessões foi incluída no Programa de Investimentos em Logística (PIL) com o objetivo de garantir a continuidade dos serviços prestados (BRASIL, 2015). Guimarães (2020) observa que a renovação das concessões constitui um assunto de interesse público, pois impacta diretamente os diversos usuários do sistema ferroviário e a logística nacional. Como ele explica, a renovação dos contratos pode se dar de três formas:

» **Emergencial**: é realizada com o intuito de garantir a continuidade da prestação dos serviços concedidos e quando, próximo ao final da concessão, o poder concedente verifica que não tem condições de prestar diretamente os serviços concedidos, nem tempo suficiente para realizar a licitação para uma nova outorga das atividades. Nesse caso, a concessão é prorrogada pelo tempo necessário para o poder concedente preparar-se para prestar diretamente o serviço público ou realizar a licitação pública para a nova outorga — em regra, de 6 a 24 meses.

» **Reequilibrada**: é realizada com o intuito de recompor a relação inicial entre os encargos e a remuneração da concessionária sem elevar o valor das tarifas, sem reduzir as obrigações da concessionária e/ou o comprometer dos recursos públicos. Nesse caso, a concessão é prorrogada pelo prazo necessário à recomposição integral do equilíbrio econômico-financeiro inicial da outorga.

» **De interesse público**: é realizada com o objetivo de promover a prestação adequada dos serviços e feita por questões de conveniência e oportunidade das partes, desde que a concessionária aceite determinadas condições (ou contrapartidas) propostas pelo poder concedente, caracterizadoras da vantagem da prorrogação *vis-à-vis* às alternativas da prestação direta do serviço público e da realização de licitação pública para nova outorga. Pode ocorrer de duas formas:

- **Comum**: como previsto na Lei n. 13.448 (BRASIL, 2017), esse tipo de prorrogação é realizado no término do contrato de concessão, expressamente considerada no respectivo edital ou no instrumento contratual original, realizada a critério do órgão ou da entidade competente, e de comum acordo com o contratado, devido ao término da vigência do ajuste.

- **Antecipada**: ocorre antes do final da concessão, respeitando o limite máximo de antecipação previsto no edital da concessão ou na lei, especificamente na Lei n. 13.448 (BRASIL, 2017), que define a

  alteração do prazo de vigência do contrato de parceria, quando expressamente admitida a prorrogação contratual no respectivo edital ou no instrumento contratual original, realizada a critério do órgão ou da entidade competente e de comum acordo com o contratado, produzindo efeitos antes do término da vigência do ajuste.

E, como discutiremos a seguir, a renovação das concessões é uma ótima oportunidade para implantar novos mecanismos e contrapartidas para investimentos na expansão da rede ferroviária e promoção da concorrência intramodal.

Definição de *shortlines*

Em essência, uma *shortline* é uma ferrovia de pequeno ou médio porte que possui uma abrangência regional, se comparada com uma companhia maior, de abrangência nacional. *Shortlines* são definidas por classificações de órgãos fiscalizadores e associações do setor ferroviário. A primeira categorização de ferrovias foi criada em 1911 pela ICC, tendo como critério a receita bruta anual como critério de classificação (em valores de 1911):

- **Classe I**: superior a US$ 1 milhão anuais;
- **Classe II**: entre US$ 100.000 e US$ 1 milhão anuais;
- **Classe III**: inferior a US$ 100.000 anuais.

Após a dissolução da ICC em 1996, a classificação passou a ser feita pela Surface Transportation Board (STB), utilizando o mesmo critério (em valores de 2017, ajustados pela inflação desde 1991):

- **Classe I**: superior a US$ 447,6 milhões anuais;
- **Classe II**: entre US$ 35,8 milhões anuais e US$ 447,6 milhões anuais;
- **Classe III**: inferior a US$ 35,8 milhões anuais.

Já na classificação da Association of American Railroads (AAR), as companhias ferroviárias também são enquadradas em três categorias, mas segundo critérios de receita bruta e extensão de suas linhas:

- **Classe I**: mesmos critérios da STB;
- **Classe II (Regional)**: receita anual superior a US$ 20 milhões (em valores de 1991) e pelo menos 350 milhas (560 quilômetros) de extensão, ou receita superior a US$ 40 milhões, independente da extensão;

» **Classe III (Local)**: companhias que não se enquadram em nenhuma das categorias anteriores.

No Canadá, a classificação é realizada pela Railway Association of Canada (RAC), seguindo os critérios de receita bruta e natureza das operações:

» **Classe I**: receita anual superior a US$ 250 milhões;
» **Classe II**: receita anual inferior a US$ 250 milhões;
» **Classe III**: exclusiva para empresas que operam somente pontes, túneis e estações.

É importante ressaltar que todas as companhias ferroviárias estadunidenses com atuação também no Canadá, e vice-versa, encontram-se enquadradas nas classificações de ambos os países, como é o caso das companhias canadenses Canadian Pacific e Canadian National que atuam no Canadá e nos Estados Unidos, sendo classificadas na categoria Classe I. Dentro dessas categorias, são consideradas *shortlines* as companhias enquadradas nas classes II e III, ou Regional e Local Railroads.

Embora existam[6] desde o início do século XIX, as *shortlines* só obtiveram predominância após as desregulamentações promovidas pelo Staggers Rail Act (Estados Unidos), em 1980, e Canada Transportation Act (Canadá), em 1987. Como observado por Allen, Sussmann e Miller (2002), antes do Staggers Rail Act existiam 220 *shortlines* nos Estados Unidos, e posteriormente, em 2020, havia 603 (BARBOSA, 2020). Já no Canadá, o crescimento foi menor: segundo

---

6   Como exemplo, a companhia ferroviária mais antiga em operação contínua nos Estados Unidos é a Strasburg Rail Road, ativa desde 1832. Outras *shortlines* notáveis são a Long Island Rail Road, que realiza serviços de subúrbio em Nova York desde 1834 e é uma das poucas ferrovias desse tipo a operar 24 horas por dia e 7 dias por semana; e a Alaska Railroad, que atua isolada no estado do Alasca, sendo a única companhia ferroviária nos Estados Unidos a transportar cargas e passageiros.

dados da Transport Canada (2011), em 1996, as *shortlines* passaram de 12 para 36; e, em 2019, esse número cresceu para 60.

Segundo Allen, Sussmann e Miller (2002), a principal causa desse fenômeno é a flexibilização no mecanismo de venda de ramais deficitários que teriam sido totalmente abandonados pelas companhias Classe I. Com efeito, houve uma onda de fusões entre as companhias Classe I, que se especializaram em operações de maior escala, com composições de grande porte, altas velocidades e grandes distâncias. De acordo com Prater, Neil e Sparger (2014), havia 33 companhias Classe I em 1980. Em 2014, esse número tinha caído para apenas sete.

As novas companhias racionalizaram o sistema ferroviário concentrando o tráfego nas linhas principais, com o intuito de produzir economias de escala e reduzir o excesso de capacidade no mercado: e a redução dos custos operacionais foi repassada aos consumidores por meio de tarifas menores (PRATER; NEIL; SPARGER, 2014). E esse cenário de venda de diversos ramais e especialização em serviços de maior densidade abriu uma grande oportunidade para novas empresas que, aproveitando-se de menores encargos regulatórios e tributários, além da mão de obra mais barata, tornaram lucrativas diversas linhas férreas que, para as companhias Classe I, eram consideradas deficitárias.

De acordo com a American Short Line and Regional Railroad Association (ASLRRA, 2017), o total de linhas férreas operadas por *shortlines* nos Estados Unidos cresceu de 13 mil quilômetros em 1980 para cerca de 75 mil em 2017 (em contraste, as sete companhias Classe I operam juntas cerca de 148,5 mil quilômetros de linhas). Atualmente, as *shortlines* movimentam 29% do total de tráfego de mercadorias em todo o sistema ferroviário, fornecendo serviços personalizados de primeira e última milha para embarcadores localizados/sediados fora dos limites dos corredores troncais ferroviários. Além disso, essas pequenas ferrovias atendem cerca de 10 mil clientes e empregam 20 mil pessoas, principalmente em zonas rurais. Como observam Llorens, Richardson e Buras (2014), as *shortlines* desempenham um papel importante em comunidades rurais (onde costumam ser os maiores empregadores) tendo em vista que muitas delas possuem poucas indústrias de grande porte, tornando-as amplamente dependentes das ferrovias como fonte de emprego e renda.

Já no Canadá, as *shortlines* operam cerca de 11,4 mil quilômetros de linhas férreas, o que corresponde a cerca de 25% da malha ferroviária do país, enquanto os outros 75% são operados pelas companhias Classe I — principalmente, a Canadian National e a Canadian Pacific. Muitas *shortlines* canadenses oferecem serviços de transporte de cargas e passageiros em regiões remotas e de difícil acesso rodoviário, como é o caso da Ontario Northland Railway, da Algoma Central Railway e da Hudson Bay Railway.

De acordo com Grimm e Sapienza (1993), o desempenho das *shortlines* varia muito em função de práticas gerenciais e características operacionais das ferrovias. Como eles observam, o tamanho da malha ferroviária, a densidade de tráfego, o volume de vendas, a pujança das comunidades atendidas, e um percentual mais elevado de tráfego originado dentro da *shortline* são fatores operacionais que melhoram o desempenho da ferrovia. Por outro lado, a concentração do tráfego em uma *commoditiy* única ou um pequeno grupo de *commodities*, a competição intermodal e a alavancagem financeira prejudicam a performance das *shortlines* (GRIMM; SAPIENZA, 1993). Dentre os fatores gerenciais, o tempo de atuação da ferrovia e a experiência prévia dos gestores e diretores melhoram o desempenho das ferrovias.

Como observado pela Federal Railroad Administration (FRA, 2014), o segmento das *shortlines* é bastante heterogêneo no referente à propriedade das ferrovias. De um total de cerca de 550 *shortlines*, 270 pertencem a um *holding*,[7] onze a companhias Classe I, 26 aos governos locais, 55 aos embarcadores, e as 200 remanescentes, a acionistas independentes. Isso pode ser observado na Figura 3.

---

7   Como estabelecido pela ASLRRA, um *holding* é uma empresa que possui pelo menos quatro *shortlines*.

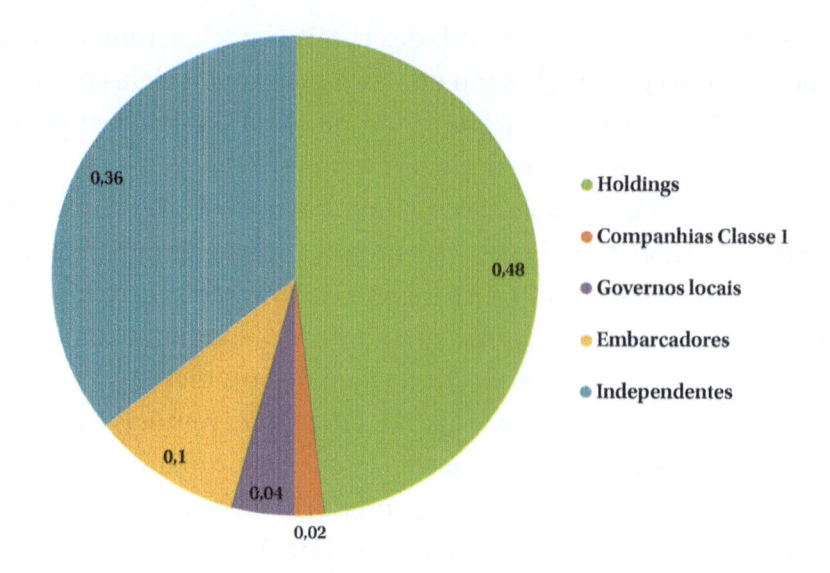

Figura 3 — *Controle acionário das* shortlines *norte-americanas.*
Fonte: FRA, 2014.

Esse controle fracionado gera assimetrias na facilidade de obtenção de crédito e no gerenciamento das companhias, o que impacta diretamente no desempenho. Pertencer a um *holding* facilita a obtenção de crédito e de gestores mais qualificados se comparado com as *shortlines* familiares.

Segundo dados da ASLRRA (2019), as *shortlines* são o segmento de ferrovias nos Estados Unidos que mais investe em bens de capital (cerca de 25% da receita operacional é reinvestida), sendo a maioria dos investimentos direcionados à infraestrutura ferroviária. E conforme dados da FRA (2014), a maioria dos recursos (75%) é oriunda do fluxo de caixa das próprias companhias; 9% advêm de empréstimos de governos locais; 7%, de empréstimos federais; 5%, de empréstimos comerciais; e o resto, do capital próprio dos acionistas. Como a Figura 4 ilustra a seguir.

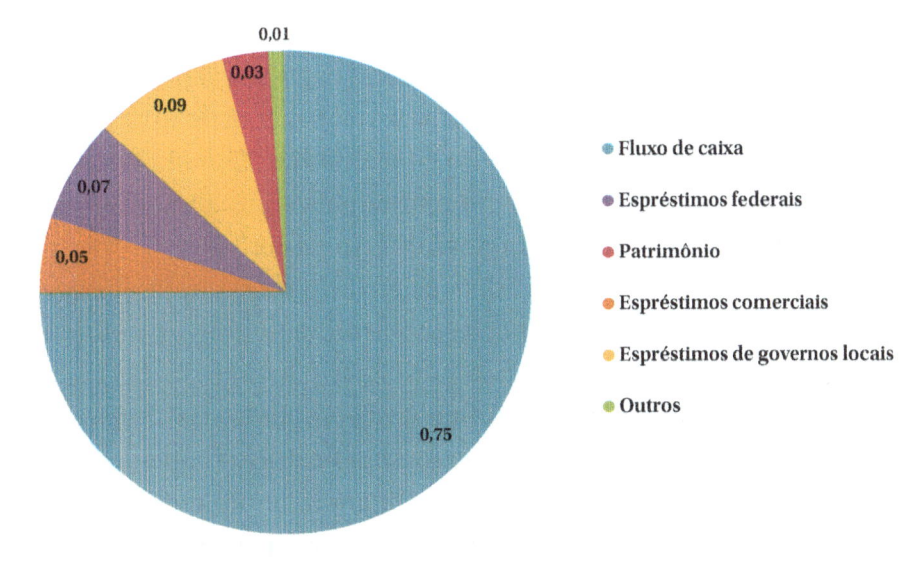

Figura 4 — *Origem dos recursos das shortlines.*
Fonte: FRA, 2014.

Com efeito, existem iniciativas para auxiliar as *shortlines* a acompanhar as companhias Classe I em investimentos e modernizações: programas de parcerias entre empresas Classe I e *shortlines*, e o programa[8] de crédito tributário 45G voltado especificamente para elas. Um caso de destaque é o amplo programa de readequação de via permanente que é implementado desde a década de 1980 para que elas sejam capazes de operar vagões maiores de 286 mil libras (129.720,418 kg) hoje adquiridos pelas companhias Classe I. Outro exemplo é o programa de crédito tributário 45G criado em 2005, que garante que 50% dos impostos pagos pelas *shortlines* retornem para o setor com o objetivo de financiar mais investimentos em infraestrutura.

Por outro lado, as *shortlines* canadenses enfrentam dificuldades com financiamento, devido à ausência de grandes programas do

---

8   O Shortline Tax Credit, mais conhecido pelo item referente a importos (45G), é um programa que concede para as *shortlines* um crédito de US$ 0,50 para cada dólar pago em imposto por essas ferrovias, para investimentos em via permanente (trilhos e infraestrutura).

tipo no país. Como observado pela RAC (2015), os programas de financiamento público são inadequados e inacessíveis para a maioria das *shortlines*. Por exemplo, apesar de um grande número de *shortlines* ter sido contemplada no New Building Canada Plan, ele priorizou ativos de infraestrutura municipais e provinciais, sendo poucas verbas destinadas para o setor ferroviário.

Embora os quesitos corporativos sejam bastante simples (caráter das operações, modelo de negócio e controle acionário), o ambiente de negócios das *shortlines* estadunidenses diverge do das canadenses, e essas divergências afetam o desempenho das ferrovias. Enquanto nos Estados Unidos a categoria floresceu consideravelmente com o auxílio de programas de financiamento público (programas de financiamento e crédito tributário) e privado (parcerias com as companhias Classe I), a maioria das *shortlines* no Canadá não consegue obter financiamento (principalmente público) para realizar investimentos significativos em infraestrutura e aumentar a capacidade de transporte, velocidade operacional e desempenho. A Tabela 2 resume as principais diferenças entre as *shortlines* estadunidenses e canadenses.

Tabela 2 — Diferenças entre as shortlines *estadunidenses e canadenses*

Critério	Estados Unidos	Canadá
Modelo de gestão	Verticalizado	Verticalizado
Propriedade da infraestrutura	Particular	Particular
Regulação econômica	Surface Transportation Board	Transport Canada
Regulação de normas técnicas e de segurança	Federal Railroad Administration	Transport Canada

Compartilhamento de infraestrutura	Direito de passagem*	Direito de passagem
Financiamento	Federal, estadual, municipal e privado	Majoritariamente privado
Propriedade das companhias	Majoritariamente privadas	Majoritariamente privadas
Tipos de categorias de ferrovias	3	2
Companhias Classe I	7	5
Companhias Classe II	24	60
Companhias Classe III	579	-

*As composições podem trafegar livremente sem a necessidade de trocas de locomotivas.

Fonte: elaborada pelo autor.

E, como veremos mais adiante neste livro, essas divergências destacam a importância de iniciativas como o programa de crédito tributário 45G para o eventual desenvolvimento de *shortlines* no Brasil.

A implantação desse modelo de negócios baseado em ferrovias de pequeno e médio porte que atendem clientes fora dos corredores principais das grandes ferrovias é proposta por diversos autores como Daychoum (2015), Wanderley (2019) e Barbosa (2020). As primeiras discussões da proposta das *shortlines* remontam algumas palestras e *workshops* realizados pelo então secretário da Asociación Latino-americana de Ferrocarriles (ALAF) Jean Carlos Pejo, em 2015, ideia também apresentada em um *working paper* de Daychoum (2015) no mesmo ano. Como observado pelos autores, os trechos ociosos que correspondem a cerca de 30% da malha ferroviária brasileira poderiam ser revitalizados principalmente nos moldes das *shortlines* norte-americanas. Na época, a discussão não foi aprofundada.

Já Wanderley (2019) traz uma abordagem mais aprofundada, contemplando a necessidade de um regime regulatório para a transferência do patrimônio das concessionárias para os novos operadores, buscando integrar as linhas ociosas no sistema ferroviário. Por sua vez, Barbosa (2020) argumenta que a proposta possui potencial, visto que apenas 40% da rede ferroviária opera mais de 50% da capacidade disponível. O autor também observa que o Brasil pode adotar dois caminhos para viabilizar as *shortlines*:

» **uma abordagem estrutural**: reestruturação da rede ferroviária em que as concessionárias transferem os ramais secundários que não sejam de seu interesse para outros operadores — de forma similar à realizada na América do Norte;

» **uma abordagem regulatória**: manutenção do modelo de concessões, com a obrigatoriedade de operacionalização de toda a malha concessionada, e incentivos a parcerias com operadores ferroviários independentes (OFIs) que possam manter/administrar os ramais secundários.

Finalmente, há a possibilidade de enquadrar as ferrovias existentes como as primeiras *shortlines* do Brasil, como é o caso dos operadores Associação Brasileira de Preservação Ferroviária, Estrada de Ferro Amapá, E. F. Campos do Jordão, E. F. Corcovado, E. F. Jari, E. F. Juruti, E. F. Perus Pirapora, E. F. Trombetas, Ferroeste, Ferrovia Tereza Cristina, Giordani Turismo, e Serra Verde Express, como discutiremos mais adiante.

Parte III

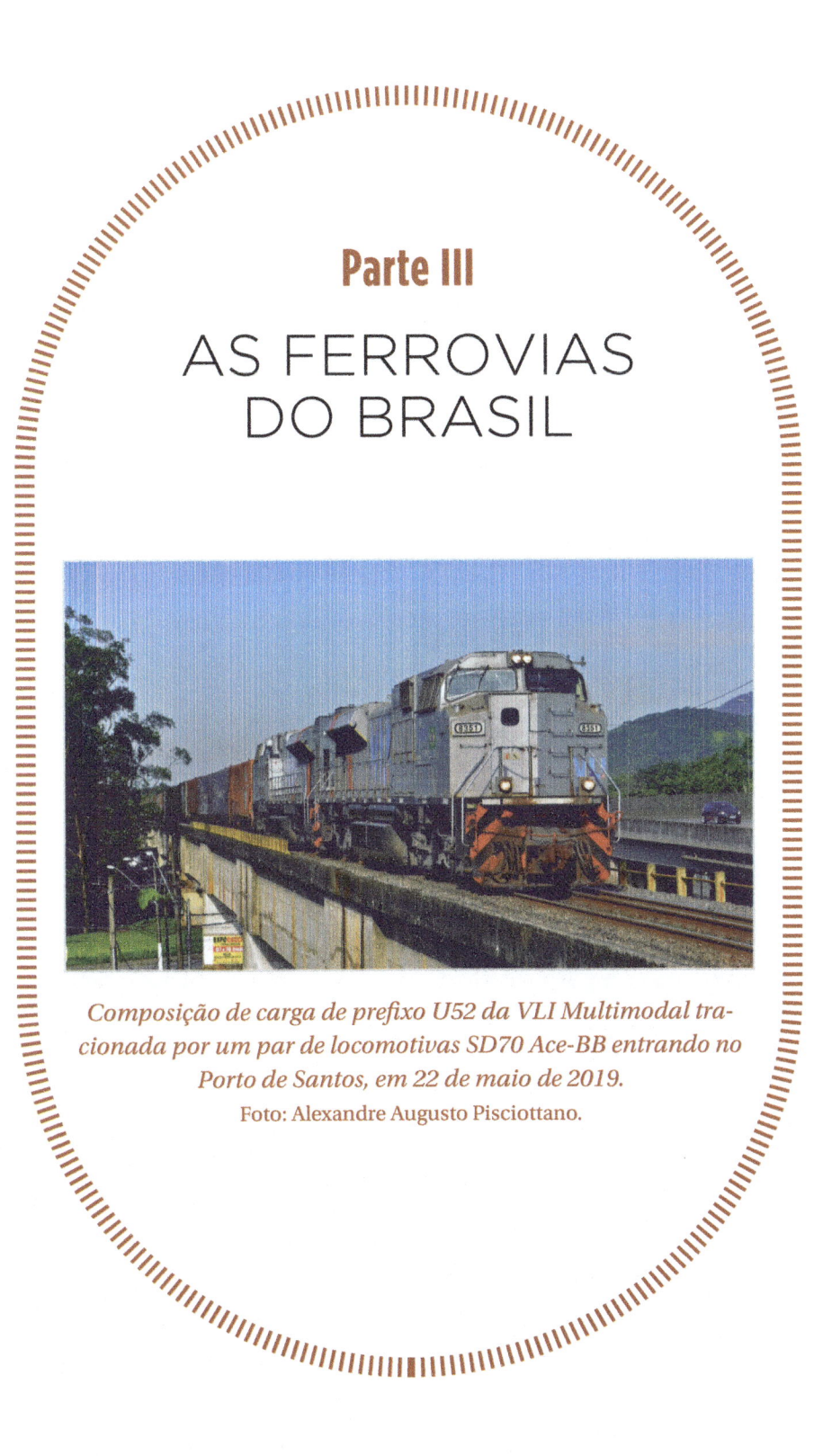

AS FERROVIAS DO BRASIL

Composição de carga de prefixo U52 da VLI Multimodal tracionada por um par de locomotivas SD70 Ace-BB entrando no Porto de Santos, em 22 de maio de 2019.
Foto: Alexandre Augusto Pisciottano.

Parte III

AS FERROVIAS
DO BRASIL

ANÁLISE DE DADOS

A análise de dados contempla um estudo histórico de cunho descritivo sobre a proposta das *shortlines*, dividido em três tópicos:

» O surgimento da categoria em 1940, com a classificação das ferrovias brasileiras em três grupos pelo Ministério da Viação e Obras Públicas (MVOP);

» A proposta atual de criação de um ambiente regulatório para o fomento de *shortlines* no país, com o objetivo de revitalizar trechos ociosos da malha ferroviária;

» Um estudo das ferrovias existentes no cenário nacional, cujos modelos de negócios apresentam similaridades com as *shortlines* norte-americanas e podem, portanto, ser enquadradas como as primeiras *shortlines* no Brasil dentro de um eventual regime regulatório específico.

A segunda parte da análise consiste em um estudo dos novos corredores ferroviários propostos no período da renovação das concessões ferroviárias, com o intuito de preparar a discussão sobre como os modelos de negócios de *shortlines* e corredores de exportação das concessionárias podem ser sincronizados para a construção de um sistema ferroviário integrado.

A proposta das *shortlines*

Nos últimos anos, algumas empresas têm demonstrado interesse em revitalizar ramais ociosos no Brasil nos moldes das *shortlines* norte-americanas. Conforme o PL n. 261 (BRASIL, 2018), elas deverão atuar segundo o regime regulatório de autorizações (já previsto em lei, mas pouco utilizado) que é mais flexível que as concessões atuais. Com isso, espera-se que o PL contribua para facilitar a entrada de novas empresas no setor ferroviário para a revitalização de parte da malha ferroviária já existente (projetos *brownfield*) e para a construção de novos empreendimentos no mercado (projetos *greenfield*).

Histórico da categoria

No Brasil, a primeira classificação das companhias ferroviárias foi realizada em 1940 pelo MVOP, utilizando como critério a receita anual (em valores de 1940):

- » **primeira categoria**: receita superior a Rs 20:000$000 (vinte mil contos de réis);
- » **segunda categoria**: receita anual entre Rs 5:000$000 (cinco mil contos de réis) e Rs 20:000$000 (vinte mil contos de réis);
- » **terceira categoria**: receita anual inferior a Rs 5:000$000 (cinco mil contos de réis).

As empresas também eram classificadas de forma distinta, segundo a sua administração:

- » administradas pela União (de propriedade federal, de propriedade estadual, e de propriedade particular de concessão federal ou estadual);

> administradas pelos estados (arrendadas pela União, de propriedade estadual, e de propriedade particular de concessão federal ou estadual);

> administradas por particulares (arrendadas pela União, arrendadas pelos estados, e de propriedade particular de concessão federal ou estadual).

Por fim, as ferrovias também eram classificadas de acordo com a área de abrangência: (I) Região Norte; (II) Região Nordeste; (III) Região Leste; (IV) Região Sul; e (V) Região Centro-Oeste. Quando o MVOP realizou sua primeira classificação em 1940, as companhias ferroviárias no Brasil foram separadas da seguinte forma:

Tabela 3 — *Classificação das ferrovias do Brasil em 1940*

Companhia	Extensão (km)	Estados de atuação
Primeira categoria (11 empresas)		
Rede Mineira de Viação	3.891	MG, RJ, SP
Viação Férrea do Rio Grande do Sul	3.367	RS
E. F. Central do Brasil	3.174	DF, MG, RJ, SP
Leopoldina Railway	3.082	DF, ES, MG, RJ
E. F. Sorocabana	2.141	SP
Rede de Viação Paraná-Santa Catarina	2.122	PR, SC, SP
Companhia Mogiana de Estradas de Ferro	1.959	MG, SP
Great Western of Brazil Railway	1.637	AL, PB, PE, RN
Companhia Paulista de Estradas de Ferro	1.511	SP
E. F. Noroeste do Brasil	1.461	MT, SP
São Paulo Railway	139	SP
Quilometragem total	24.484	

Companhia	Extensão (km)	Estados de atuação
Segunda categoria (6 empresas)		
Viação Férrea Federal Leste Brasileiro	1.897	BA, SE
Rede de Viação Cearense	1.404	CE, PB
E. F. Vitória a Minas	562	ES, MG
E. F. Goyaz	439	GO, MG
E. F. Araraquara	300	SP
E. F. São Paulo-Paraná	236	PR, SP
Quilometragem total	4.838	
Terceira categoria (34 empresas)		
E. F. Bahia a Minas	555	BA, MG
E. F. São Luís-Teresina	453	MA, PI
E. F. Madeira Mamoré	366	AM, MT
E. F. Central do Rio Grande do Norte	342	RN
Companhia E. F. do Dourado	317	SP
E. F. Bragança	294	PA
E. F. Nazaré	286	BA
E. F. Donna Tereza Cristina	239	SC
E. F. Petrolina a Teresina	204	PE, PI
EFCP	191	PI
EFSPM	180	MG, SP
E. F. Mossoró	175	RN
E. F. Maricá	158	RJ
E. F. São Paulo Goiás	149	SP
E. F. Ilhéus a Conquista	128	BA

Companhia	Extensão (km)	Estados de atuação
E. F. Santa Catarina	114	SC
E. F. Tocantins	82	PA
E. F. Mate Laranjeira	68	PR
E. F. São Mateus	68	ES
E. F. Palmares a Osório	55	RS
E. F. Itapemirim	54	ES
E. F. Campos do Jordão	47	SP
E. F. Jacuí	46	RS
E. F. Morro Agudo	41	SP
Tramway da Cantareira	35	SP
E. F. Monte Alto	31	SP
Ramal Férreo Campineiro	31	SP
E. F. Jaboticabal	25	SP
E. F. Porto Alegre e Vila Nova	22	RS
E. F. Itatibense	20	SP
E. F. Barra Bonita	18	SP
E. F. Perus Pirapora	16	SP
E. F. Morro Velho	8	MG
E. F. Corcovado	4	RJ
Quilometragem total	4.822	

Fonte: MVOP, 1940.

A classificação de estradas de ferro por categoria no Brasil foi abandonada após a reestruturação do sistema ferroviário pela CMBEU em 1950 com intuito de modernizar as principais ferrovias e eliminar os déficits operacionais. Como a maioria dos déficits se concentrava nas estradas de ferro de terceira categoria, iniciou-se um processo de erradicação dessas linhas, com base no Decreto-Lei n. 2.698, de 27 de dezembro de 1955 (BRASIL, 1955). Segundo Paula (2000), assim começou a política antiferroviária no país, culminando, entre os anos de 1966 e 1974, com o Grupo Executivo de Supressão de Ferrovias e Ramais Antieconômicos (Gesfra), destinado a erradicar ferrovias reconhecidamente deficitárias.

Das 34 estradas de ferro de terceira categoria existentes na classificação de 1940, apenas quatro sobreviveram a esse processo: Estrada de Ferro Campos do Jordão (EFCJ), Estrada de Ferro Corcovado (EFC), Estrada de Ferro Perus Pirapora (EFPP) e Estrada de Ferro Donna Tereza Cristina (EFDTC). Dessas, as três primeiras foram preservadas por finalidades turísticas, enquanto apenas a última foi recapacitada para operações comerciais, sendo operada pelo grupo Ferrovia Tereza Cristina (FTC) desde 1997 para o transporte de carvão e contêineres.

Segundo Nunes (2008), não houve um processo generalizado de desmonte das ferrovias, mas a desativação de algumas partes do modelo de negócio ferroviário que não atendiam aos propósitos de exportação de mercadorias para os portos. Grande parte das ferrovias riscadas do mapa não integravam as regiões do país e, devido à baixa capacidade de transporte, já enfrentavam a concorrência dos primeiros caminhões e ônibus desde a década de 1920. Porém, o governo federal (na época proprietário da quase totalidade das ferrovias no Brasil) não agiu para ampliar a abrangência do sistema ferroviário nacional. Pelo contrário, as ferrovias foram readequadas para atender apenas alguns poucos setores da economia, ocupando um papel marginal na matriz de transportes, enquanto o carro-chefe da logística nacional seria o modal rodoviário.

E essa tendência se manteve após a privatização ocorrida na década de 1990, com as concessionárias priorizando apenas as operações nos principais corredores, especialmente os de exportação de *commodities*. Conforme estudo da CNI (2018), cerca de

30% da malha ferroviária brasileira estava ociosa ou subutilizada, e as principais causas disso eram baixa concorrência no mercado, dificuldades na conexão das malhas existentes, e desempenho insuficiente das concessionárias na ampliação e na modernização da malha.

Nesse contexto, a proposta do reaproveitamento desses ramais ociosos nos moldes das *shortlines* norte-americanas surgiu como alternativa para aumentar a concorrência no mercado ao simplificar o mecanismo de entrada de novas empresas e atrair recursos para revitalizar e ampliar a malha ferroviária. A discussão ganhou força com a greve dos caminhoneiros em maio de 2018 e, no fim do mesmo ano, foi proposto o PL n. 261 (BRASIL, 2018) como marco regulatório inicial do setor. A ideia central desse PL é ampliar o uso do regime de autorização já previsto na Lei n. 10.233 (BRASIL, 2001), pois traz flexibilidade regulatória em relação ao modelo de concessões no que tange à facilidade de entrada e saída do mercado, bem como à fixação de tarifas. Porém, como ao final de 2020 o PL n. 261 ainda não havia sido votado, o estado de Minas Gerais manifestou interesse em aprovar uma legislação estadual que implementasse esse regime regulatório (ANPTRILHOS, 2020).

Embora ainda não exista um estudo completo sobre a viabilidade econômica de todos os trechos atualmente ociosos, existem levantamentos sobre quais podem ser revitalizados dentro desse modelo de negócios. Como o Grupo Fluminense de Preservação Ferroviária (GFPF, 2020) indica em sua nota técnica, os trechos ociosos[9] no Brasil em 2020 eram os seguintes:

---

9   Os dados apresentados não refletem com precisão a situação real do sistema ferroviário brasileiro devido a diferenças nos critérios de ociosidade que podem ser considerados. Há diversas linhas férreas pelo país em situação completamente ociosa a despeito do registro de situação ativa e, mesmo dentro das linhas operacionais, ainda há trechos ociosos por causa de gargalos operacionais que impedem a utilização de toda a capacidade ao longo da extensão da ferrovia.

Região Nordeste:

- São Luís (MA) — Rosário (MA) — Santa Rita (MA) — Itapecuru Mirim (MA) — Cantanhede (MA) — Pirapemas (MA);
- Codó (MA) — Caxias (MA) — Timon (MA) — Teresina (PI);
- Teresina (PI) — Altos (PI) — Campo Maior (PI) — Capitão de Campos (PI) — Piripiri (PI);
- Piripiri (PI) — Piracuruca (PI) — Cocal (PI) — Parnaíba (PI);
- Fortaleza (CE) — Caucaia (CE) — São Gonçalo do Amarante (CE) — São Luís do Curú (CE) — Umirim (CE) — Tururu (CE) — Itapipoca (CE) — Miraíma (CE) — Sobral (CE);
- Fortaleza (CE) — Maranguape (CE) — Pacatuba (CE) — Redenção (CE) — Araçoiaba (CE) — Baturité (CE);
- Crato (CE) — Juazeiro do Norte (CE) — Missão Velha (CE) — Aurora (CE) — Lavras da Mangabeira (CE);
- Mossoró (RN) — Caraúbas (RN) — Patu (RN);
- Natal (RN) — Ceará Mirim (RN) — João Câmara (RN) — Lajes (RN) — Afonso Bezerra (RN) — Macau (RN);
- Natal (RN) — Parnamirim (RN) — Goianinha (RN) — Canguaretama (RN) — Nova Cruz (RN);
- Cabedelo (PB) — João Pessoa (PB) — Bayeux (PB) — Santa Rita (PB) — Cruz do Espírito Santo (PB) — São Miguel de Taipu (PB) — Pilar (PB) — Itabaiana (PB) — Mogeiro (PB) — Ingá (PB) — Campina Grande (PB);
- Recife (PE) — Moreno (PE) — Vitória de Santo Antão (PE) — Pombos (PE) — Gravatá (PE) — Bezerros (PE) — Caruaru (PE);
- Recife (PE) — Cabo (PE) — Ribeirão (PE);
- Recife (PE) — Carpina (PE) — Timbaúba (PE);
- Maceió (AL) — Satuba (AL) — Rio Largo (AL) — Messias

» (AL) — Munci (AL) — Branquinha (AL) — União dos Palmares (AL);

» Maceió (AL) — Satuba (AL) — Rio Largo (AL) — Atalaia (AL) — Capela (AL) — Cajueiro (AL) — Viçosa (AL) — Paulo Jacinto (AL) — Quebrangulo (AL) — Palmeira dos Índios (AL);

» Aracaju (SE) — Nossa Senhora do Socorro (SE) — Laranjeiras (SE) — Mumbeca (SE) — Cedro de São João (SE) — Propriá (SE);

» Aracaju (SE) — São Cristóvão (SE) — Itaporanga d'Ajuda (SE) — Salgado (SE) — Boquim (SE) — Pedrinhas (SE) — Itabaianinha (SE) — Tomar do Geru (SE);

» Salvador (BA) — Candeias (BA) — Santo Amaro (BA) — Conceição da Feira (BA);

» Salvador (BA) — Camaçari (BA) — Mata de São João (BA) — Pojuca (BA) — Catu (BA) — Alagoinhas (BA);

» Petrolina (PE) — Juazeiro (BA) — Jaguarari (BA) — Senhor do Bonfim (BA) — Itiúba (BA) — Queimadas(BA).

Região Sudeste (exceto São Paulo):

» Vitória (ES) — Viana (ES) — Marechal Floriano (ES) — Domingos Martins (ES) — Alfredo Chaves (ES) — Vargem Alta (ES) — Cachoeiro de Itapemirim (ES);

» Campos (RJ) — São Fidélis (RJ);

» Campos (RJ) — Macaé (RJ);

» Volta Redonda (RJ) — Barra Mansa (RJ) — Resende (RJ) — Itatiaia (RJ);

» Itaguaí (RJ) — Mangaratiba (RJ);

» Betim (MG) — Belo Horizonte (MG) — Santa Luzia (MG) — Vespasiano (MG) — Pedro Leopoldo (MG) — Matozinhos (MG) — Sete Lagoas (MG);

- » Bocaiúva (MG) — Montes Claros (MG) — Capitão Enéas (MG) — Janaúba (MG);
- » Uberaba (MG) — Araxá (MG);
- » Ouro Preto (MG) — Mariana (MG) — Acaiaca (MG) — Ponte Nova (MG) — Teixeiras (MG) — Viçosa (MG);
- » Juiz de Fora (MG) — Ewbank da Câmara (MG) — Santos Dumont (MG) — Antônio Carlos (MG) — Barbacena (MG);
- » Cruzeiro (SP) — Passa Quatro (MG) — Itanhandu (MG) — São Sebastião do Rio Verde (MG) — São Lourenço (MG) — Soledade de Minas (MG) — Conceição do Rio Verde (MG) — Três Corações (MG) — Varginha (MG);
- » Uberaba (MG) — Uberlândia (MG) — Araguari (MG).

Estado de São Paulo:

- » São Paulo — Osasco — São Roque — Mairinque — Sorocaba — Iperó — Tatuí — Itapetininga;
- » Santos — São Vicente — Praia Grande — Mongaguá — Itanhaém — Peruíbe — Pedro de Toledo — Miracatu — Juquiá — Registro — Jacupiranga;
- » São Paulo — Franco da Rocha — Jundiaí — Louveira — Vinhedo — Valinhos — Campinas;
- » Campinas — Sumaré — Americana — Santa Bárbara d'Oeste — Piracicaba;
- » Campinas — Sumaré — Americana — Limeira — Cordeirópolis — Santa Gertrudes — Rio Claro — Itirapina — São Carlos — Ibaté — Araraquara;
- » Campinas — Paulínia — Jaguariúna — Santo Antônio da Posse — Moji Mirim — Moji Guaçu — Estiva Gerbi — Aguaí — São João da Boa Vista — Águas da Prata — Poços de Caldas;

- » Itapetininga — Angatuba — Itapeva — Itararé;
- » Ribeirão Preto — Jardinópolis — Orlândia — São Joaquim da Barra — Ituverava — Aramina — Uberaba;
- » Ribeirão Preto — Sertãozinho — Pontal — Pitangueiras — Bebedouro — Colina — Barretos — Colômbia;
- » Araraquara — Matão — Dobrada — Santa Ernestina — Cândido Rodrigues — Fernando Prestes — Santa Adélia — Pindorama — Catanduva — Catiguá — Uchoa — Cedral — São José do Rio Preto;
- » Botucatu — Itatinga — Avaré — Cerqueira César — Manduri — Bernardino Campos — Ipaussu — Chavantes — Ourinhos;
- » Araçatuba — Birigui — Coroados — Glicério — Penápolis — Avanhandava — Promissão — Lins — Cafelândia — Pirajuí — Presidente Alves — Avaí — Bauru;
- » Presidente Epitácio — Caiuá — Presidente Venceslau — Piquerobi — Santo Anastácio — Presidente Bernardes — Alvares Machado — Presidente Prudente — Regente Feijó — Indiana — Martinópolis — Rancharia;
- » Ribeirão Preto — São Simão — Tambaú — Casa Branca — Aguaí.

Região Sul:

- » Maringá (PR) — Sarandi (PR) — Marialva (PR) — Mandaguari (PR) — Jandaia do Sul (PR) — Cambira (PR) — Apucarana (PR) — Arapongas (PR) — Rolândia (PR) — Cambé (PR) — Londrina (PR);
- » Paranaguá (PR) — Morretes (PR) — Antonina (PR);
- » Guarapuava (PR) — Inácio Martins (PR) — Irati (PR) — Teixeira Soares (PR) — Guaraúna (PR) — Guaraci (PR) — Ponta Grossa (PR);

- Ponta Grossa (PR) — Palmeira (PR) — Balsa Nova (PR) — Araucária (PR) — Curitiba (PR);
- Criciúma (SC) — Içara (SC) — Morro da Fumaça (SC) — Jaguaruna (SC) — Tubarão (SC) — Laguna (SC) — Imbituba (SC);
- Joinville (SC) — Guaramirim (SC) — Jaraguá do Sul (SC) — Corupá (SC) — Rio Negrinho (SC) — Mafra (SC);
- Caxias do Sul (RS) — Farroupilha (RS) — Cabos Barbosa (RS) — Garibaldi (RS) — Bento Gonçalves (RS);
- Porto Alegre (RS) — Canoas (RS) — General Câmara (RS) — Rio Pardo (RS) — Cachoeira do Sul (RS);
- Pelotas (RS) — Capão do Leão (RS) — Pedro Osório (RS) — Bagé (RS);
- Uruguaiana (RS) — Plano Alto (RS) — Alegrete (RS);
- Cachoeira do Sul (RS) — Restinga Seca (RS) — Santa Maria (RS);
- Pelotas (RS) — Rio Grande (RS).

Região Centro-Oeste:

- Brasília (DF) — Luziânia (GO) — Pires do Rio (GO);
- Pires do Rio (GO) — Orizona (GO) — Vianópolis (GO) — Silvânia (GO) — Leopoldo Bulhões (GO) — Goiânia (GO);
- Campo Grande (MS) — Ribas do Rio Pardo (MS);
- Campo Grande (MS) — Sidrolândia (MS) — Maracaju (MS);
- Campo Grande (MS) — Terenos (MS) — Aquidauana (MS) — Miranda (MS).

Potenciais candidatas a *shortlines*

Além dos trechos ociosos listados, também é possível enquadrar alguns operadores ferroviários existentes como as primeiras *shortlines* no Brasil, devido às suas operações de menor porte que as das concessionárias: Rumo, VLI e Transnordestina. Seus modelos de negócios também se assemelham ao que observamos em relação às *shortlines* norte-americanas. Das empresas ferroviárias listadas, estas são as que atendem ao uso particular de uma ou mais indústrias:

- » Estrada de Ferro Amapá;
- » Estrada de Ferro Jari;
- » Estrada de Ferro Juruti;
- » Estrada de Ferro Trombetas.

Já as que realizam operações comerciais em sincronia ou não com uma companhia ferroviária de maior porte são:

- » Ferrovia Tereza Cristina;
- » Ferroeste.

Por fim, as dedicadas à prestação de serviços turísticos são:

- » Associação Brasileira de Preservação Ferroviária (ABPF);
- » Estrada de Ferro Campos do Jordão (EFCJ);
- » Estrada de Ferro Corcovado (EFC);
- » Estrada de Ferro Perus Pirapora (EFPP);
- » Giordani Turismo;
- » Serra Verde Express.

Como discutiremos mais adiante, a proposta depende da criação de um regime regulatório, trabalhista e tributário diferenciado para elas, baseado no mecanismo de autorização já previsto em lei no Brasil, porém pouco utilizado em detrimento das concessões.

Ferrovias de uso industrial

Todas as ferrovias de uso industrial no Brasil estão na Região Norte do país e são isoladas entre si e em relação ao sistema ferroviário nacional devido à sua abrangência limitada e às restrições geográficas da região em que se encontram. O principal modal de transporte é o hidroviário. A localização dessas ferrovias pode ser observada no mapa a seguir (Figura 5).

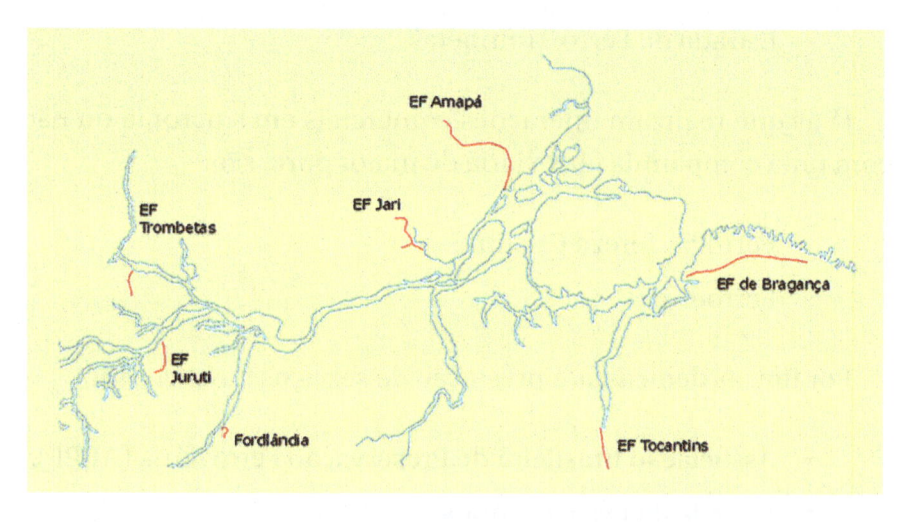

Figura 5 — *Mapa das ferrovias industriais localizadas no norte do Brasil, incluindo as já desativadas E. F. Tocantins, E. F. Bragança e Fordlândia.*
Fonte: Centro-Oeste, 2021.

Estrada de Ferro Amapá

A Estrada de Ferro Amapá foi concebida pela Indústria de Comércio e Minérios (ICOMI) com o intuito de explorar as reservas de manganês na Serra do Navio, na Região Norte do então Território[10] Federal do Amapá. A escolha pelo modal ferroviário se justificou por estudos que demonstraram a inviabilidade do uso de barcaças nos rios Amapari e Araguari, devido aos pedrais e secas no verão, e o alto custo operacional do uso de caminhões (DIÁRIO DO AMAPÁ, 2017a). A licitação foi obtida em 1947 e, três anos depois, a Bethlehem Steel Company tornou-se sócia do empreendimento com 49% de participação, alegando que o projeto carecia de investimentos e conhecimento técnico. Sua concessão original foi conferida pelo Decreto n. 32.451, de 20 de março de 1953 (BRASIL, 1953), autorizando a construção de uma estrada de ferro de uso industrial ligando o Porto de Santana, na margem esquerda do Canal Norte do Rio Amazonas, às jazidas de manganês na Serra do Navio. A ferrovia possui um traçado de 194 quilômetros que se estende de Santana (na região metropolitana de Macapá) até o município de Serra do Navio, como ilustrado na Figura 6.

---

10   O Amapá foi criado em 1943 como território federal, e elevado à categoria de Estado somente em 1988.

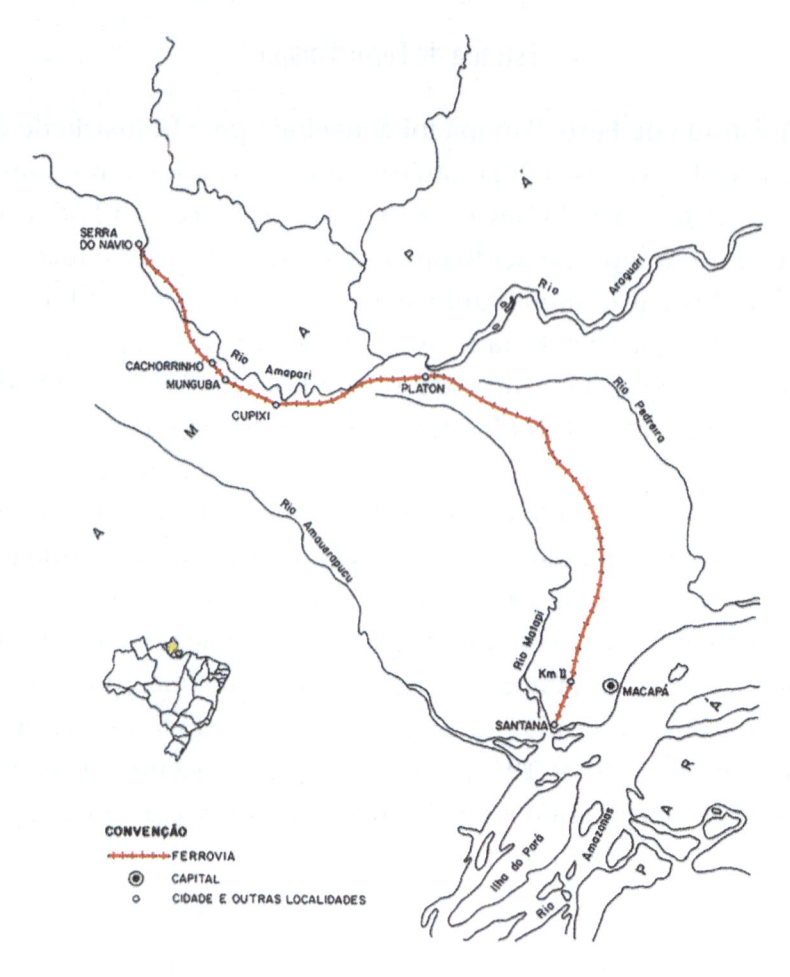

Figura 6 — *Mapa da Estrada de Ferro Amapá.*
Fonte: Centro-Oeste, 1985.

As obras se iniciaram em março de 1954, e a ferrovia foi inaugurada no dia 10 de janeiro de 1957, com a presença do então presidente Juscelino Kubitschek (AMAPÁ EM PAZ, 2015). A linha possui um percurso de 194 quilômetros de extensão que liga a capital Macapá ao município de Serra do Navio, e se destaca por ser uma das mais antigas de uso industrial/particular na Região Norte do país e uma das únicas construídas na bitola Standard (1,435 m). Em uma região em que praticamente todo o transporte era realizado por estradas de terra e rios, a estrada de ferro promoveu um rápido desenvolvimento local ao se tornar uma ligação eficiente entre a capital Macapá e o interior do Amapá, bem como alguns povoados e pequenas cidades na região.

A exploração de manganês prosseguiu até 1997, quando a ICOMI manifestou sua intenção de devolver a ferrovia para a União, alegando a exaustão das minas. Durante o conflito judicial em que o Estado se recusava a receber os ativos, a E. F. Amapá continuou operando sob chefia do engenheiro Ralph Medellin — que chegou a consumir o próprio patrimônio para tal — e os trens passaram a circular com modestas quantidades de cromita e passageiros. Em março de 2006, a estrada de ferro foi licitada para a MMX Mineração e Metálicos, pertencente ao grupo EBX do empreendedor Eike Batista, por um prazo de vinte anos (DIÁRIO DO AMAPÁ, 2017b).

As principais medidas da MMX Mineração e Metálicos foram a revitalização da linha férrea e das estações (previstas no contrato) e a aquisição de sete novas locomotivas C30-7 e 82 novos vagões para o transporte de minério. Ela expandiu as operações de transporte de minério, mantendo-as até 2013, quando um desabamento no Porto de Santana e a posterior crise da mineradora Zamin levaram à suspensão das operações (REVISTA FERROVIÁRIA, 2019). Os trens de passageiros circularam até 2015, e desde então, o abandono e a falta de fiscalização têm feito com que a ferrovia seja invadida e depredada (G1, 2018).

Em agosto de 2019, a *trading* Indo Sino Trade e a mineradora Cadence Minerals manifestaram interesse em assumir o controle da E. F. Amapá e retomar a mineração no local (REVISTA FERROVIÁRIA, 2019). De acordo com Eduardo Queiroz, advogado das empresas investidoras, a previsão é de que o projeto de mineração que contempla as minas, o porto e a ferrovia estejam em pleno funcionamento em 2021. Queiroz também afirma (REVISTA FERROVIÁRIA, 2019) que, além dos recursos já previstos pela Cadence Minerals, todo o estoque de minério que está concentrado no pátio da mina e no porto será vendido pela Zamin, o que significa cerca de US$ 60 milhões que podem ser arrecadados e revertidos nas obras de recuperação da mina, da ferrovia e do porto (REVISTA FERROVIÁRIA, 2019).

Estrada de Ferro Jari

A Estrada de Ferro Jari foi construída em 1979 pela Jari Celulose como parte do projeto Jari (Jari Florestal e Agropecuária), voltado para a exploração de celulose nas margens do rio homônimo, no norte do Pará (WEB ARCHIVE, 2010). O projeto original previa uma linha de bitola larga (1,60 m) com cerca de 220 quilômetros de linhas e nove pátios de manobras, mas, devido a imprevistos na construção, o traçado foi reduzido para 68 quilômetros com quatro pátios de manobras (MINISTÉRIO DOS TRANSPORTES, 2002). Seu percurso tem início no Porto de Munguba (km 0), Ponte Maria (km 22), e dois ramais para os pátios São Miguel (km 36) e Pacanari (km 45), como ilustrado na Figura 7.

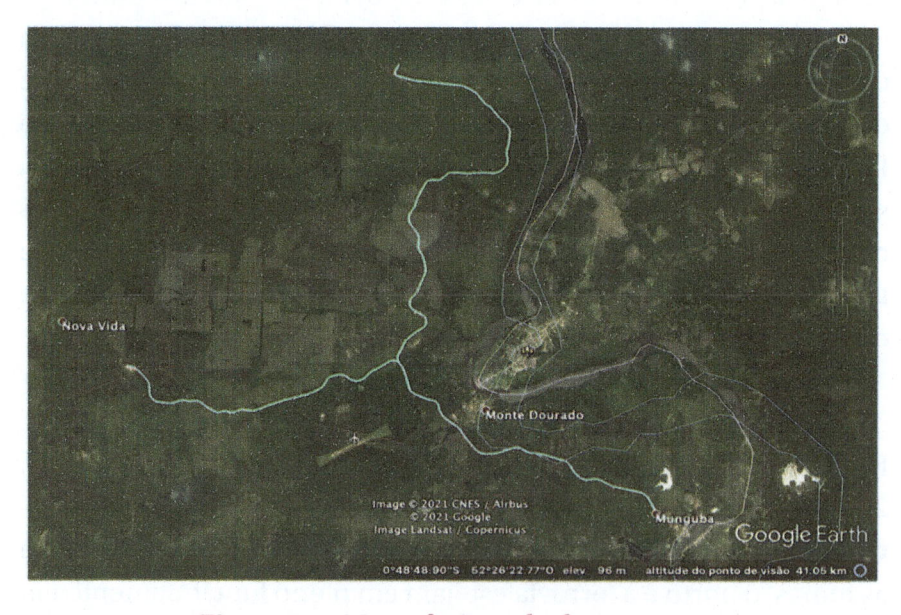

Figura 7 — Mapa da Estrada de Ferro Jari.
Fonte: elaborada pelos autores. Crédito da imagem: Google Earth, 2021.

Posteriormente, a estrada de ferro também passou a ser utilizada para o transporte de bauxita refratária, quando o grupo Jari começou a explorar uma jazida do mineral na região próxima ao pátio de São Miguel, no km 36 (E. F. BRASIL, 2002). Sua frota é constituída por duas locomotivas SD38-2 (numeradas EFJ 10 e EFJ 11), 86 vagões-plataformas, utilizados para o transporte de madeira, e 6 vagões-gôndolas utilizados para o transporte de bauxita (CENTRO-OESTE, 2002). Assim como as demais ferrovias de pequeno porte da Região Norte do Brasil (E. F. Amapá, E. F. Juruti e E. F. Trombetas), a E. F. Jari está completamente isolada do restante da malha ferroviária do país e, devido ao seu uso restrito, é considerada uma ferrovia industrial pela ANTT.

Estrada de Ferro Juruti

A Estrada de Ferro Juruti é uma ferrovia industrial construída pela Camargo Corrêa como parte de um empreendimento da Alcoa de exploração de bauxita no oeste do Estado do Pará. Suas obras se iniciaram em 2006, e foi inaugurada em 2009, com um traçado de 55 quilômetros em bitola métrica (1 m), ligando a mina de Juruti a uma área de beneficiamento, onde se encontram a lavra e o terminal portuário na margem direita do rio Amazonas (ALCOA, 2020), que pode ser visto na Figura 8.

Figura 8 — *Mapa da Estrada de Ferro Juruti.*
Fonte: elaborada pelo autor. Crédito da imagem: Google Earth, 2021.

Assim como as demais estradas de ferro de uso industrial, ela possui uma quantidade bastante limitada de material rodante: 3 locomotivas E3000C e 72 vagões-gôndolas utilizados para o transporte de bauxita (ALCOA, 2020).

Estrada de Ferro Trombetas

A Estrada de Ferro Trombetas é uma ferrovia industrial construída em 1978 pela Mineração Rio do Norte S.A. como parte de um projeto de exploração de bauxita na região da Serra de Saracá, no estado do Pará. Devido ao caráter particular do projeto, o governo federal concedeu à mineradora uma ampla liberdade para construir, usar e explorar a estrada de ferro, conforme as necessidades locais. Suas operações foram iniciadas em agosto de 1979, com um traçado de 25 quilômetros em bitola métrica, ligando uma mina ao porto local, e que gradualmente foi estendido para cerca de 25 quilômetros seguindo a expansão da área de mineração (CENTRO-OESTE, 2020). O percurso da ferrovia pode ser visualizado na Figura 9.

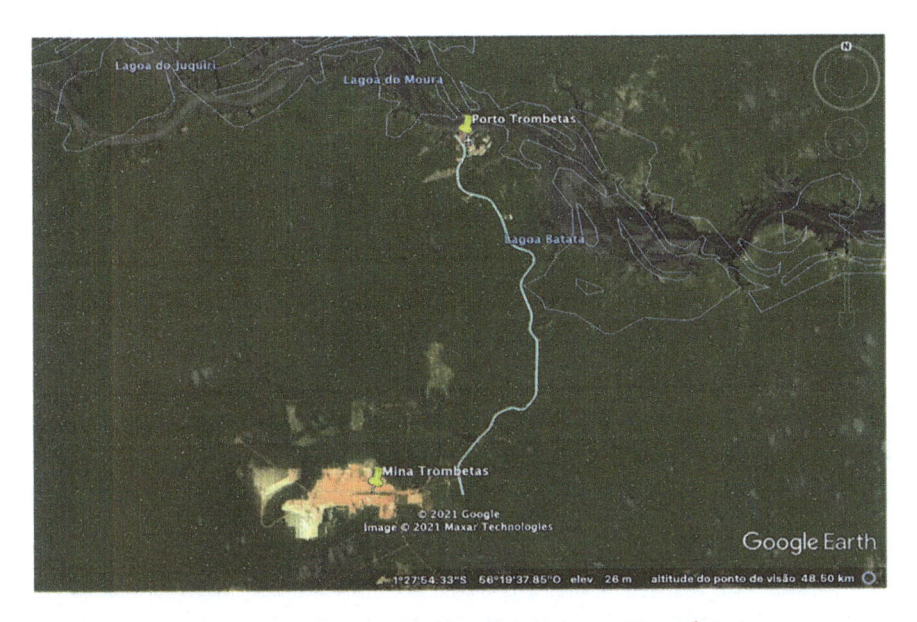

Figura 9 — *Mapa da Estrada de Ferro Trombetas.*
Fonte: elaborada pelo autor. Crédito da imagem: Google Earth, 2021.

Ferrovias de uso comercial

No Brasil, há duas candidatas a *shortlines* de operações comerciais: Ferrovia Tereza Cristina, que transporta carvão e contêineres no sul de Santa Catarina e está isolada do restante da rede ferroviária nacional; e Ferroeste, que transporta *commodities* agrícolas no interior do Paraná, sincronizando operações com a Rumo Logística com o objetivo de escoar e trazer mercadorias do Porto de Paranaguá (PR).

Ferrovia Tereza Cristina

As origens da Ferrovia Tereza Cristina remontam ao ano de 1861, quando o segundo visconde de Barbacena, Felisberto de

Caldeiras Brant Pontes de Oliveira Horta, realizou uma solicitação para a exploração de carvão do sul de Santa Catarina (FTC, 2021). Em 1874, o governo concedeu a autorização para a construção de uma ferrovia para transportar carvão da região para os portos de Imbituba e Laguna, com prazo de 80 anos. A The Donna Thereza Christina Railway Company Limited iniciou suas obras em 1880 e entregou o primeiro trecho ao tráfego em 1º de setembro de 1884.

Sua linha em bitola métrica começava no Porto de Imbituba e terminava em Lauro Müller, em um percurso de 110 quilômetros, mais 5,2 quilômetros do ramal de Laguna, com início na Estação de Bifurcação, no quilômetro 26,8. Ao longo de suas linhas, encontravam-se as estações Imbituba (km 0), Roça Grande (km 12,12), Bifurcação (km 25,70), Cabeçuda (km 30,24), Estiva (km 41,76), Tubarão (km 52,45), Guarda (km 63,49), Braço do Norte (km 69,18), Pedras Grandes (km 77,47), Pindotiba (km 83,77), Orléans (km 95,26) e Lauro Müller (km 110) (ESTAÇÕES FERROVIÁRIAS, [20--]).

Com uma frota de oito locomotivas, oito carros para passageiros, 150 vagões para transporte de carvão e outros 131 vagões para demais mercadorias, a ferrovia iniciou suas atividades tendo como principal cliente a The Tubarão Coal Mining Company (GERODETTI; CORNEJO, 2005). Devido a problemas financeiros, a mineradora tardou mais de três anos para iniciar suas atividades, e conseguiu realizar apenas um carregamento de duas mil toneladas de carvão. Enquanto a carga era extraída das minas, o navio teve que ficar parado cerca de dois meses no Porto de Imbituba. As dificuldades da mineradora em pagar as taxas portuárias somada às dificuldades anteriores de obtenção de crédito, levaram-na à falência no final do mesmo ano.

Devido a dificuldades financeiras, a ferrovia foi encampada pelo governo federal em 1903, e, sete anos depois, arrendada à Companhia Estrada de Ferro São Paulo — Rio Grande (FTC, 2021). Com o início da Primeira Guerra Mundial (1914-1918), a escassez de carvão nos mercados doméstico e internacional impulsionou as atividades mineradoras em Santa Catarina, bem como a demanda por tráfego e novas linhas na Thereza Cristina. Em 1918, o arrendamento foi transferido para a Companhia Brasileira Carbonífera de Araranguá, que deu início à construção de um novo ramal que ligaria Tubarão a Araranguá (ESTAÇÕES FERROVIÁRIAS, 2021).

A construção foi dividida em dois trechos, sendo o primeiro a ligação de Tubarão a Criciúma em um percurso de 56,5 quilômetros, entregue a título provisório no dia 1 de janeiro de 1919 com as estações Congonhas (Km 59,49), Jaguaruna (Km 68,79), Morro Grande (Km 78,89), Esplanada (Km 86,93), Içara (Km 99,34) e Criciúma (Km 109,33). Em 1921, foram inauguradas as estações Sangão (Km 118,25) e Araranguá (Km 143,15), da segunda seção do ramal, porém o tráfego até Criciúma teve início apenas em 1923. E até Araranguá, em 1927.

A companhia também possuía autorização para construir um outro ramal na região de Urussanga, porém não realizou as obras porque não tinha interesse em favorecer uma concorrente. Por causa disso, a Companhia Carbonífera de Urussanga solicitou ao Tribunal de Contas a transferência da construção. Com efeito, o ramal começou a ser construído pela própria CCU em 1919, sendo inaugurado no dia 7 de junho de 1925, partindo da Estação Esplanada até Rio Deserto (Km 119,66) (ESTAÇÕES FERROVIÁRIAS, 2021).

Com tais prolongamentos, aos poucos o trecho de Imbituba a Araranguá tornou-se a linha tronco, enquanto a linha tronco original, de Tubarão a Lauro Müller, transformou-se em ramal (ESTAÇÕES FERROVIÁRIAS, 2021). Em 1940, o governo federal reassumiu a ferrovia, e durante esse período novos ramais foram construídos para ampliar a captação de cargas. Em 1943, teve início a construção do ramal de Treviso (ou ramal de Siderópolis), partindo da Estação Pinheirinho (no km 112,74 da linha para Araranguá) até Treviso (km 137,52), sendo inaugurado em 1947. Posteriormente foram construídos os sub-ramais de Mina do Mato e Mina União (ESTAÇÕES FERROVIÁRIAS, 2021).

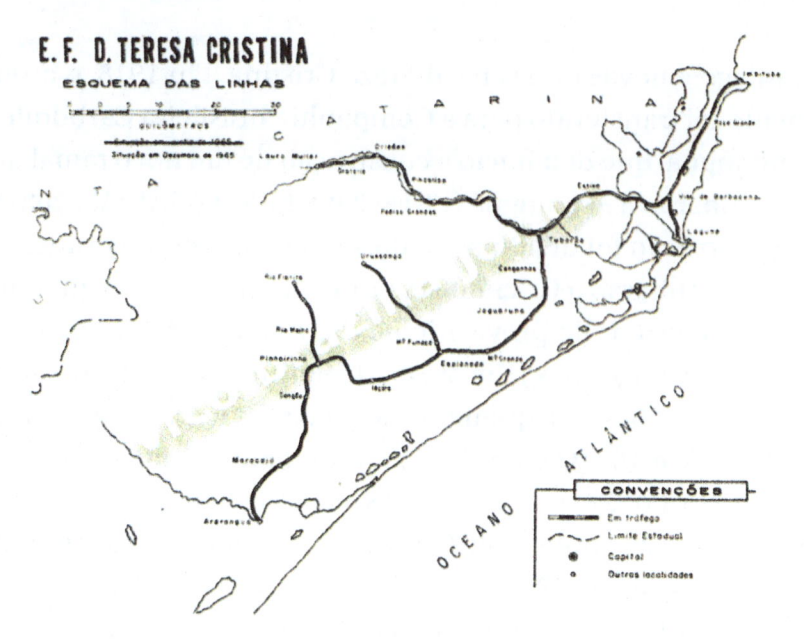

Figura 10 — *Ferrovia Tereza Cristina em 1965.*
Fonte: Centro-Oeste, 2021.

Quando foi incorporada à RFFSA no dia 30 de setembro de 1957, a Ferrovia Tereza Cristina possuía 264 km de linhas, 37 locomotivas a vapor, 37 carros de passageiros e 996 vagões de carga e outros veículos (FTC, 2021). Em 1969, passou a ser a 12ª Divisão Operacional — Tereza Cristina, vinculada ao Sistema Regional Sul. Em 1975, foi transformada na Superintendência Regional n. 5 — Curitiba. E, em 1989, passou a ser a Superintendência Regional n. 9 — Tubarão (CENTRO-OESTE, 1993). Durante a gestão estatal, é interessante notar que a Tereza Cristina foi a última ferrovia da RFFSA a descontinuar o uso da tração a vapor em suas linhas (esse tipo de locomotiva operou comercialmente até a década de 1990), transformando-a em uma singular atração turística para aficionados (FAR RAIL, 2013).

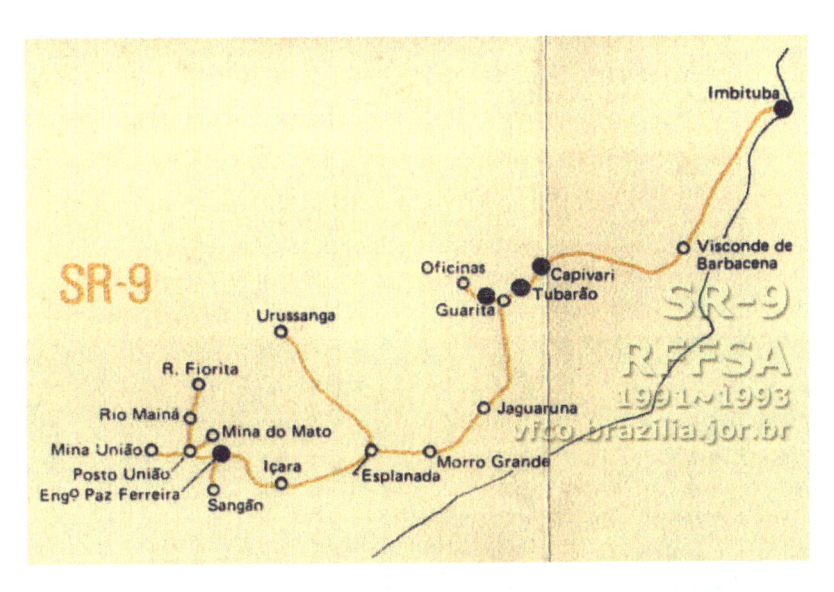

Figura 11 — Ferrovia Tereza Cristina em 1991.
Fonte: Centro-Oeste, 1991.

A Superintendência de Tubarão foi leiloada na Bolsa de Valores do Rio de Janeiro no dia 26 de novembro de 1996 e repassada ao grupo Ferrovia Tereza Cristina S.A. no dia 1º de fevereiro de 1997 (FTC, 2021). Assim como as demais concessões do período, o contrato da ferrovia tem validade de 30 anos, renováveis por mais 30. Quando privatizada, a ferrovia possuía apenas 164 km de linhas, pois os ramais de Lauro Müller (1981) e os trechos de Pinheirinho a Araranguá (1970) e Urussanga a Rio Deserto (sem data conhecida), bem como os sub-ramais de Mina do Mato e Mina União haviam sido desativados. Como observa Giesbrecht (*apud* GERODETTI; CORNEJO, 2005, p. 191):

> A Estrada de Ferro D. Tereza Cristina teve uma série de ramais suprimidos e possui hoje linhas que diferem bastante das originais, mas jamais teve ligações com quaisquer outras ferrovias. Ela deveria ser parte de uma ferrovia chamada D. Pedro I, que ligaria São Francisco do Sul a Porto Alegre, passando por Florianópolis. A ponte Hercílio Luz, erguida entre 1922 e 1926, foi aberta para

ser parte dessa ferrovia que jamais vingou. A estrada deixou de transportar passageiros na década de 1970, e focando apenas no carvão. Curiosamente, depois de dar prejuízo por anos e anos, é hoje uma das ferrovias mais rentáveis do país, estando concessionada a um grupo privado desde 1996 que mantém um trem turístico que funciona durante alguns dias do ano.

Figura 12 — *Ferrovia Tereza Cristina em 2021.*
Fonte: elaborada pelos autores. Crédito da imagem: Google Earth, 2021.

Dentre as realizações do grupo privado estão a criação da subsidiária Transferro, em 1999, para realizar atividades de manuseio de carvão mineral (sobretudo no complexo termelétrico Jorge Lacerda, atualmente o principal cliente da ferrovia); da subsidiária Locofer em 2002 para a locação de equipamentos (locomotivas e vagões) para outras ferrovias; e a construção do Terminal Intermodal de Criciúma para o transporte de contêineres na FTC, iniciado no dia 20 de fevereiro de 2006 (TRANSFERRO; LOCOFER; FTC, 2021).

Em 2018, a Ferrovia Tereza Cristina contava com 11 locomotivas e 250 vagões, e já havia transportado 60 milhões de toneladas de carvão mineral e 1,4 milhão de toneladas de cargas diversas em contêineres desde o início da concessão (FTC, 2019). Contudo, o transporte de carvão havia crescido apenas 4% em relação ao volume transportado em 2017, enquanto o de contêineres, cerca de 36%. Como o volume e a receita oriundos do transporte de contêineres ainda são muito pequenos se comparados aos de carvão, a concessionária manifestou preocupação quanto à continuidade das operações após a Engie (operadora da Usina Termelétrica Jorge Lacerda) ter anunciado, nos dias 5 e 6 de dezembro de 2020, que não tinha mais interesse em manter a usina termelétrica funcionando, reduzindo suas emissões na geração de energia (ENGEPLUS, 2020).

Em 18 de dezembro de 2020, o Ministério de Minas e Energia publicou duas portarias para criar um grupo de trabalho que estudaria em seis meses uma solução para a continuidade da Usina Jorge Lacerda, em Capivari de Baixo, e uma alternativa para definir uma política de longo prazo para o carvão mineral brasileiro (BENETTI, 2020). Também há a possibilidade de expansão da malha da FTC buscando integrá-la ao restante do sistema ferroviário brasileiro, aumentando o transporte de contêineres. Até agosto de 2021, não havia uma posição definitiva.

Ferroeste

A Ferroeste (Estrada de Ferro Paraná Oeste S.A.) foi fundada em 15 de março de 1988 com o objetivo de construir uma linha férrea que atendesse à região oeste do Estado do Paraná. Em outubro do mesmo ano, recebeu a outorga de concessão para construir e explorar, efetivada pelo Decreto n. 96.913 (BRASIL, 1988), uma linha férrea entre Guarapuava (PR) e Dourados (MS). Em 31 de dezembro de 1991, a Assembleia Legislativa do Paraná sancionou a Lei n. 9.892 (PARANÁ, 1991) autorizando o Poder Executivo a confirmar a participação acionária do governo estadual na Ferroeste. Posteriormente, foram editados dois decretos: um em 26 de março de 1991, concedendo áreas de utilidade pública em favor da ferrovia, e outro destinado à implantação do terminal ferroviário de Cascavel (PR).

As obras tiveram início em 15 de março de 1991, em uma parceria entre o governo do estado do Paraná e o Segundo Batalhão Ferroviário do Exército Brasileiro, tendo sido concluídas em 21 de março de 1996, a um custo total de US$ 360 milhões (MENEZES, 2019). O primeiro trecho construído compreendia a seção de Guarapuava (onde a Ferroeste se integrava com a malha da RFFSA) a Cascavel, com 248 km de extensão. Sua linha foi construída em bitola métrica, haja vista a necessidade de integrá-la à malha ferroviária já existente no restante do Paraná. Ao longo do percurso, a Ferroeste possui 15 pátios, dos quais 13 são utilizados apenas para o cruzamento de trens. Apenas os pátios de Guarapuava e Cascavel operam embarque e desembarque de cargas (CENTRO-OESTE, 2015).

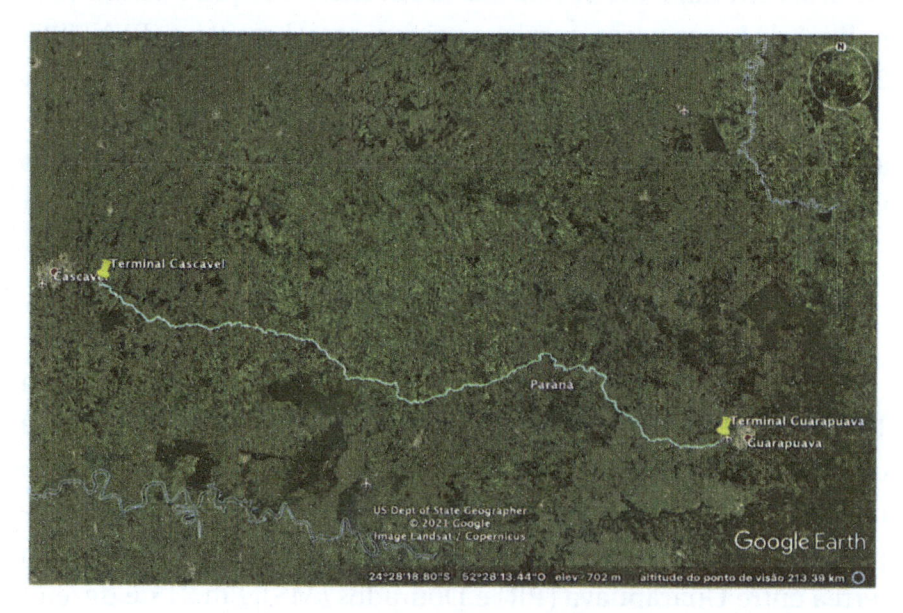

Figura 13 — *Traçado da Ferroeste.*
Fonte: elaborada pelo autor. Crédito da imagem: Google Earth, 2021.

Na primeira fase do projeto, o tráfego de trens foi testado no primeiro semestre de 1996 em parceria com a RFFSA que, ao longo dos quatro anos seguintes, garantiu o material rodante necessário para operacionalizar a Ferroeste e movimentar até 1 milhão de toneladas anuais. A Ferroeste foi privatizada por meio de um leilão em 10 de dezembro de 1996 pelo então governador Jaime Lerner (1995-1999; 1999-2003) para o consórcio Ferrovia Paraná S.A. (Ferropar), que a arrematou por R$ 25,6 milhões (o mínimo do leilão), obtendo a concessão por 30 anos. O Ministério dos Transportes autorizou a abertura definitiva da ferrovia para o tráfego dois dias depois, e o consórcio Ferropar iniciou suas atividades em 1º de março de 1997.

Figura 14 — Ferroeste e a malha ferroviária paranaense.
Fonte: Centro-Oeste, 2015. Crédito da imagem: Google Earth, 2021.

Nos anos seguintes, a Ferropar não fez os investimentos previstos no contrato no que tange à alocação de frota e atendimento da demanda, bem como não pagou as parcelas estipuladas (por volta de 2004, apenas 26% do valor negociado tinha sido quitado). Em

14 de agosto de 2000, Ferropar e Ferroeste assinaram um aditivo contratual alterando a forma de pagamento, repactuando o pagamento da dívida para o período de 2004 a 2026 (PORTELA, 2006). Contudo, com o descumprimento dos termos contratuais, o então governador do Paraná, Roberto Requião, determinou a reestatização da Ferroeste em 2003, enquanto ela entrava na Justiça com um pedido de falência da Ferropar, cuja dívida chegava a R$ 22,5 milhões (FERROESTE, 2021). O governo do estado do Paraná reavaliou o contrato de concessão, alegando que a Ferropar jamais havia cumprido os termos do contrato de concessão, e a Ferroeste foi reestatizada em 18 de dezembro de 2006.

Nos anos seguintes, a Ferroeste recebeu diversos investimentos para ampliar sua capacidade de transporte e reverter os prejuízos operacionais (O PARANÁ, 2016). Em 2014, ela adquiriu da Ferrovia Centro-Atlântica (FCA) duas locomotivas MX620, permitindo um aumento de 26% no volume de mercadorias transportadas em relação a 2013 (encerrando 2014 com 770 mil toneladas úteis movimentadas, das quais 40% foram destinadas ao mercado externo) (CORAZZA 2015a). Em dezembro de 2015, foram adquiridas cinco locomotivas e 400 vagões com o objetivo de dobrar a capacidade de transporte no ano seguinte. E, em janeiro de 2017, a Ferroeste havia transportado 831 mil toneladas de carga no ano de 2016 (CORAZZA, 2015b; PERETTO, 2017).

Em 2020, a Ferroeste registrou outro recorde de lucro (R$ 1,27 milhão) e volume transportado (1,38 milhão de toneladas de mercadorias transportadas) (DEFESA, 2021). Além disso, ela foi qualificada no Programa de Parcerias em Investimentos, de modo a ser novamente transferida para a iniciativa privada (ISTOÉ DINHEIRO, 2020). Com a privatização, espera-se que ocorram novos investimentos na modernização da linha de Guarapuava a Cascavel, na construção de um ramal ligando Cascavel a Dourados e outro ligando Cascavel a Foz do Iguaçu (PR), e na construção de um novo trecho ligando Guarapuava a Paranaguá.

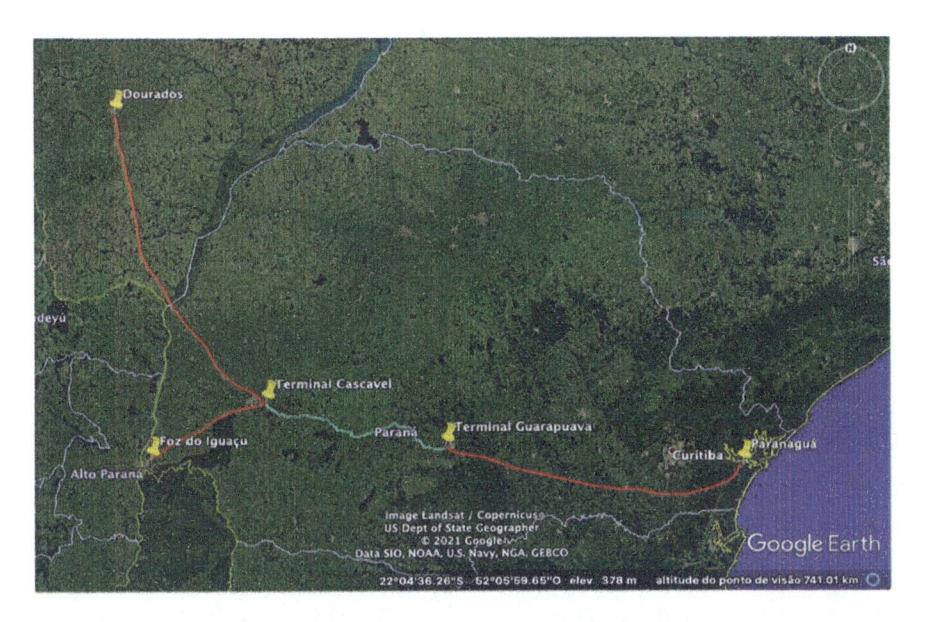

Figura 15 — *Extensões propostas da Ferroeste.*
Fonte: elaborada pelos autores. Crédito da imagem: Google Earth, 2021.

Quando concluída, a Nova Ferroeste terá cerca de 1.371 km de extensão, contando com nove terminais de carga nos estados do Paraná e Mato Grosso do Sul. De acordo com o presidente da Ferroeste, André Gonçalves, os estudos de viabilidade econômica e ambiental estão em andamento, a modelagem financeira em fase final de contratação, e o leilão na B3 Brasil, Bolsa, Balcão previsto para 2022 (AGÊNCIA DE NOTÍCIAS DO PARANÁ, 2020).

Ferrovias de uso turístico

As ferrovias turísticas e históricas são de longe a maior categoria dentre as candidatas potenciais a primeiras *shortlines* no Brasil: seis das doze companhias selecionadas são operadoras turísticas, e duas (Associação Brasileira de Preservação Ferroviária e Serra Verde Express) possuem mais de uma rota em seu portfólio. Assim como as estradas de ferro de uso industrial listadas anteriormente, todas as linhas turísticas são isoladas entre si devido a questões geográficas e abrangência limitada.

Contudo, as integrantes desse grupo divergem das demais em relação à origem: a Associação Brasileira de Preservação Ferroviária (ABPF) é a única organização não empresarial do grupo, tendo sido criada com a finalidade de preservação histórica de locomotivas a vapor, utilizando algumas linhas preservadas para esse fim e outras pelas atuais concessionárias. Já a EFCJ foi criada inicialmente para transportar enfermos para tratamento de tuberculose na região do município homônimo — o que a torna, nas palavras de Gorni (2003), a única ferrovia do Brasil construída com fins exclusivamente terapêuticos. E a Estrada de Ferro Corcovado é a única ferrovia desse grupo concebida exclusivamente para fins turísticos. Embora possa ser classificada como ferrovia de uso industrial, a Estrada de Ferro Perus Pirapora buscou um propósito turístico para tentar se manter após encerrar suas atividades industriais. Por fim, as empresas Giordani Turismo e Serra Verde Express são relativamente recentes, tendo assumido as operações de trens turísticos da antiga estatal RFFSA na Região Sul do país.

Associação Brasileira de Preservação Ferroviária (ABPF)

A ABPF foi fundada em 1977 pelo francês Patrick Henri Ferdinand Dollinger, que chegou no Brasil em 1966 e, preocupado com o abandono, decidiu criar uma entidade de preservação nos moldes das associações europeias e norte-americanas (ABPF, 2021). Para contatar pessoas com o mesmo interesse, ele publicou no jornal *O Estado de S. Paulo* um anúncio com o seguinte conteúdo:

> LOCOMOTIVAS A VAPOR: Com a finalidade de iniciar uma associação, tendo como interesse principal a preservação, restauração e operação de locomotivas a vapor e assuntos ferroviários em geral, procuro pessoas interessadas neste hobby

muito popular na Europa e nos Estados Unidos. Escrever para Patrick Dollinger CP 2778, CEP 01000, São Paulo, ou telefone 32-0579 noite 853-4728.

Apenas duas pessoas responderam à mensagem: Sérgio José Romano e Juarez Spaletta. Após diversos outros contatos, a ABPF foi oficialmente fundada em 4 de setembro de 1977, em uma assembleia que contou com a presença de 23 pessoas.

Após um levantamento de trechos desativados no estado de São Paulo, a associação optou por uma seção de 24 km da antiga linha tronco da Companhia Mogiana, compreendida entre Anhumas (SP) e Jaguariúna (SP) (ESTAÇÕES FERROVIÁRIAS, 2021). O trecho foi cedido pela Fepasa em 1979 e, em setembro de 1984, foi criado o primeiro museu ferroviário do Brasil, denominado Viação Férrea Campinas-Jaguariúna (VFCJ). Como resultado do sucesso das atividades na VFCJ (TOLEDO, 2019), que se tornou a ferrovia turística mais popular do Brasil, a ABPF inaugurou diversos outros serviços turísticos por meio de outras filiais no país:

- » Trem da Serra da Mantiqueira (Passa Quatro-MG);
- » Trem das Águas (São Lourenço-MG a Soledade de Minas--MG);
- » Turístico da Estrada de Ferro Santa Catarina (Apiúna-SC);
- » Trem das Termas (Marcelino Ramos-SC a Piratuba-SC);
- » Trem de União da Vitória (União da Vitória-PR a Porto União-SC);
- » Trem dos Imigrantes (São Paulo-SP);
- » Trem dos Ingleses (Santo André-SP);
- » Trem Caiçara (Antonina-PR a Morretes-PR);
- » Trem de Guararema (Guararema-SP);
- » Trem da Serra do Mar (Rio Negrinho-SC a Rio Natal-SC).

Estrada de Ferro Campos do Jordão (EFCJ)

O início do século XX no Brasil foi marcado por inúmeras epidemias que assolavam o país, em decorrência das crescentes concentrações populacionais, dentre as quais destacam-se tuberculose, febre amarela, varíola, gripe, entre outras (GORNI, 2003). Em meio a esse cenário, os médicos sanitaristas Emílio Ribas e Victor Godinho idealizaram a EFCJ e a estância climática de Campos do Jordão para transporte e tratamento dos doentes nos sanatórios que começavam a instalar-se na cidade. As pequenas vilas localizadas nos píncaros da Serra da Mantiqueira, perto das cidades de Pindamonhangaba e Taubaté, eram conhecidas por seu clima frio, europeu, propícias para tratar doenças pulmonares.

A construção da estrada de ferro foi autorizada pela Lei n. 1.221, de 28 de novembro de 1910 (BRASIL, 1910), com um prazo de concessão de 60 anos. As obras da ferrovia foram iniciadas em 1912 sob a direção do engenheiro Sebastião de Oliveira Damas, e foi inaugurada em 15 de novembro de 1914 (EFCJ, [2020a]). Seu percurso tem início na Estação de Pindamonhangaba no município homônimo (km 0), onde se conectava com a antiga E. F. Central do Brasil, e termina na Estação Emílio Ribas, em Campos do Jordão (km 47). Como sua linha foi construída em bitola métrica e a linha da Central era de bitola larga, os passageiros precisavam trocar de trem na Estação de Pindamonhangaba, assim como as mercadorias transportadas entre as duas ferrovias. A EFCJ destaca-se por ser uma das únicas ferrovias do mundo a percorrer trechos de inclinação superior a 10% sem o auxílio de cremalheira, e pelo recorde de ser a de maior altitude do Brasil. O seu traçado pode ser visualizado na Figura 16.

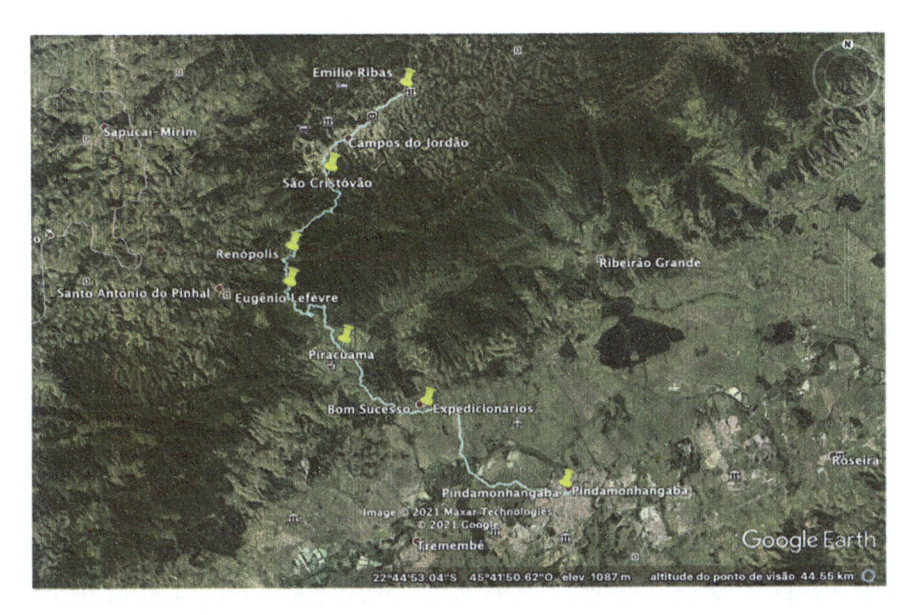

Figura 16 — *Mapa da Estrada de Ferro Campos do Jordão.*
Fonte: elaborada pelo autor. Crédito da imagem: Google Earth, 2021.

Devido à eclosão da Primeira Guerra Mundial e ao baixo movimento da ferrovia nos primeiros anos, a EFCJ apresentou dificuldades de obtenção de empréstimos e financiamentos, e os acionistas autorizaram que o governo do estado de São Paulo assumisse sua gestão em 1916. Sob a gestão estadual, ela passou por diversas melhorias em seu traçado, seus equipamentos e suas instalações, dentre as quais a mais notória é a eletrificação realizada em 1924. O primeiro teste foi realizado em novembro de 1924, com uma automotriz de carga que percorreu o trecho de Pindamonhangaba até Botequim (km 26). A inauguração oficial foi em 21 de dezembro do mesmo ano, contando com a presença do então presidente do estado, Carlos de Campos, e do secretário da Agricultura, Viação e Obras Públicas, Gabriel Ribeiro dos Santos. A eletrificação permitiu uma melhoria considerável da qualidade dos serviços e do parque de tração da ferrovia, que passou a se constituir principalmente de automotrizes elétricas.

Com o desenvolvimento de medicamentos para o tratamento da tuberculose na segunda metade do século XX, o clima deixou de ser primordial no tratamento da doença, e, aos poucos, os sanatórios localizados em Campos do Jordão foram desativados, transformados posteriormente em hotéis (CAIRES, 2019). Além disso, na década de 1970, foi inaugurada a rodovia Floriano Rodrigues Pinheiro (SP-123), ligando a cidade de Taubaté a Campos do Jordão: a partir daí, praticamente todo o transporte regular de mercadorias e passageiros da região passou a ser realizado pela estrada de rodagem (CAMPOS DO JORDÃO, 2021). Com efeito, a EFCJ foi adaptada para se tornar uma atração turística, com a inauguração do Parque Capivari, o Teleférico do Morro do Elefante e o Parque Reino das Águas Claras (PARQUE CAPIVARI, 2020; EFCJ, 2020a). Posteriormente, também foi aberto o centro de memória ferroviária da EFCJ, com o intuito de aumentar o turismo para essa lendária ferrovia de bondes que sobreviveu à erradicação da maioria das estradas de ferro de seu porte na segunda metade do século XX (DIÁRIO DO TRANSPORTE, 2017). Conforme informações da própria companhia, a frota da EFCJ é composta pelos seguintes veículos:

> » **A1**: automotriz de passageiros construída pela English Electric (EE) em 1924, fornecida com a eletrificação da EFCJ. Ao longo do tempo, foi modernizada quatro vezes, e teve seus truques trocados pela Mafersa em 1994.
>
> » **A2**: automotriz construída em 1932 pela Midland Railway Carriage Wagon & Company, com os equipamentos elétricos fornecidos pela English Electric. Passou pelas mesmas modificações da A1, sofrendo um acidente em 03 de novembro de 2012 durante uma viagem de Campos do Jordão para Pindamonhangaba (G1, 2012). No início de 2021, ainda estava listada como fora de operação.
>
> » **A3**: automotriz construída pela English Electric em 1927. Foi modernizada duas vezes e teve seu pequeno compar-

timento de cargas removido para aumentar o espaço para o transporte de passageiros.

- **A4**: automotriz construída em 1932 pela Midland Railway Carriage Wagon & Company, com equipamentos elétricos originais fornecidos pela English Electric, posteriormente substituídos por outros da Mafersa.
- **A5**: bonde construído pela Siemens em 1930 para o Tramway do Guarujá. Com a desativação dessa linha em 1956, foi enviado para a EFCJ.
- **A6**: idem ao A5.
- **A7**: idem ao A5.
- **AL1**: automotriz construída na própria EFCJ a partir de equipamentos fornecidos pela Midland Railway Carriage Wagon & Company.
- **G1**: gôndola fabricada em 1924 pela Midland Railway Carriage Wagon & Company com equipamentos fornecidos pela English Electric. Originalmente possuía o prefixo G2, substituído para G1. Opera em serviços de manutenção e socorro.
- **G3**: idem ao G1.
- **V1**: automotriz de carga construída pela Midland Railway Carriage Wagon & Company em 1924, convertida para passageiros em 1996. É o único veículo que sobrou totalmente em madeira, visto que a carroceria dos demais veículos foi aos poucos sendo trocada.
- **Locomotiva a vapor n. 6**: locomotiva construída em 1947 pela HK Porter, utilizada em serviços turísticos com os carros da companhia.
- **Locomotiva elétrica T1**: da empresa Siemens e construída em 1924 para o Tramway da Cantareira. Com o fim desta linha, em 1956, foi enviada junto com os bondes para a EFCJ.

- **Automotriz n. 1**: movida a gasolina e construída pela Mercedes Benz. Único veículo remanescente da frota original da EFCJ.
- **Carros de madeira e aço carbono**: veículos usados oriundos da E. F. Sorocabana e RFFSA comumente utilizados com automotrizes e bondes, ou com a locomotiva a vapor.

Um ponto interessante a ser observado é que a EFCJ não foi incorporada à Fepasa (Ferrovias Paulistas S.A.), estatal que centralizou a gestão de todas as ferrovias controladas pelo governo do estado de São Paulo. Pelo contrário, ela continuou vinculada à Secretaria Estadual de Turismo, dadas as suas particularidades turísticas e o seu isolamento em relação à malha das outras ferrovias paulistas. Além disso, ela foi um caso raro no Brasil em que a possibilidade de reaproveitamento da linha férrea foi considerada, em vez de se optar pela erradicação total, com o objetivo de eliminar os déficits.

Estrada de Ferro Corcovado

As origens da Estrada de Ferro Corcovado remontam ao dia 27 de março de 1881, quando os engenheiros Francisco Pereira Pessoa e João Teixeira Soares apresentaram ao Ministério da Agricultura, Comércio e Obras Públicas um projeto de ferrovia que chegasse ao alto do morro do Corcovado (RODRIGUEZ, 2004). Por meio do Decreto n. 8.372, de 7 de janeiro de 1882 (BRASIL, 1882), o governo imperial deu a concessão aos engenheiros para construir a estrada de ferro e explorá-la por um prazo de 50 anos, junto com a cessão gratuita dos terrenos para que estações e outras dependências pudessem ser construídas junto às estações. Enquanto a maioria das ferrovias no Brasil atendia à produção agrícola, a E. F. Corcovado foi a primeira a ser construída com fins eminentemente turísticos na cidade do Rio de Janeiro, à época capital e principal cidade do país.

Além disso, Rodriguez (2004) observa que a E. F. Corcovado também é uma das menores ferrovias do mundo, com um percurso inferior a 3.829 metros. Seu traçado foi construído em bitola métrica, com início na Estação Cosme Velho (km 0), subindo pelo lado direito do Vale do Silvestre até o transpor no km 1,170, chegando na Estação Carioca (Silvestre) no km 1,260. Depois, sobe pela margem direita do rio e atravessa outros dois vales através da ponte das Velhas (km 1,870) e da ponte das Caboclas (km 2,000), passa pelo dorso do Corcovado à direita do Chapéu do Sol e corta a estrada das Paineiras por uma passagem superior (km 2,510) e inferior (km 2,640), chegando na Estação Paineiras (km 2,750). Entre esta e o Alto do Corcovado (km 3,829), ela passa por sua rampa mais íngreme e pela Curva do Oh, de onde é possível avistar a paisagem da Zona Sul do Rio de Janeiro, com destaque para a Lagoa Rodrigo de Freitas.

Os estudos foram aprovados em 21 de junho de 1883, e as obras, iniciadas logo depois. Apesar de curta, não foi fácil construí-la: foi necessário adotar raios de curva de 30 metros, fazer cortes de até 18 metros de profundidade, e instalar um grande viaduto de 170 metros de comprimento próximo à Estação Silvestre (GORNI, 2003). Em 9 de outubro de 1884, foi aberto ao tráfego o trecho entre as estações Cosme Velho e Paineiras, na presença da Família Imperial, dos ministros da agricultura e da guerra, representantes da imprensa e vários outros convidados. E em 1º de julho de 1885, foi aberto o trecho de Paineiras ao Alto do Corcovado, dando início às operações comerciais em toda a extensão da ferrovia (GERODETTI; CORNEJO, 2005).

Devido ao acentuado declive de 668 metros de altitude, fez-se necessária a adoção de um sistema de cremalheira do tipo Riggenbach para auxiliar as composições a subir as rampas que compunham de 4% a 33% no percurso. Esse mecanismo consiste na instalação de um trilho central feito de duas barras metálicas com hastes em intervalos regulares, entre as quais se encaixam os dentes das engrenagens das locomotivas. Inicialmente, foram adquiridas duas locomotivas a vapor adaptadas para esse sistema e dois carros de passageiros para transportar os turistas na região.

Como observa Rodriguez (2004), nos primeiros anos de operação, a ferrovia não apresentava bons resultados financeiros, sendo a maioria de seus lucros oriunda do Hotel das Paineiras. Com a falência dos primeiros concessionários, em outubro de 1887, a ferrovia foi repassada para o engenheiro Joaquim Leite Ribeiro de Almeida Júnior, e em maio de 1889, para o empreendedor inglês Frederick Henry Baldy, que a transferiu para a Companhia Ferro-Carril e Hotel do Corcovado S.A. Apesar das mudanças de concessionários e da compra de outras duas locomotivas e três carros, as despesas de manutenção só aumentavam, não sendo compensadas pelo aumento no número de viagens, haja vista as limitações dos equipamentos disponíveis.

Devido à deterioração da via e do material rodante, o governo federal determinou a suspensão do tráfego na E. F. Corcovado no início de 1902 (ESTRADAS DE FERRO, [20--]). Embora as operações tenham sido retomadas em dezembro do mesmo ano no trecho entre Silvestre e Paineiras, a situação financeira da companhia se agravou e, em 1903, foi liquidada. Os ativos foram arrematados em leilão pelo advogado Rodrigo Otávio de Langard, que assumiu a ferrovia em 18 de novembro do mesmo ano, realizando reparos na linha e em duas locomotivas para retomar as operações.

Em 30 de maio de 1905, a Rio de Janeiro Tramway, Light & Power Company iniciou suas atividades no fornecimento de energia elétrica na cidade, dando início à construção da usina hidrelétrica de Ribeirão das Lajes (LIGHT, 2021). Com as obras já adiantadas em 1906, a empresa cogitou fornecer parte do excesso de energia elétrica para outros serviços, como iluminação e bondes, e, por meio do Decreto n. 6.040, de 22 de maio de 1906 (BRASIL, 1906), obteve a concessão governamental da então Companhia Ferro-Carril e Hotel do Corcovado S.A. A escritura foi firmada em 5 de julho e a concessão transferida em 20 de agosto, e a empresa se comprometeu a eletrificar a linha, reduzir as tarifas, adquirir novas composições e modernizar o Hotel das Paineiras.

As obras da eletrificação tiveram de esperar a construção da usina hidrelétrica de Ribeirão das Lages, cuja inauguração ocorreu em 14 de fevereiro de 1908. Nesse ínterim, a Lei Orçamentária n. 2.050, de 31 de dezembro de 1908 (BRASIL, 1908), autorizou o presidente a rever a concessão a fim de melhorar o serviço, podendo adotar todas as melhorias necessárias consideradas úteis, sem ônus ao Tesouro ou aumento de tarifas. E, em 29 de julho de 1909, foi assinado o Decreto n. 7.480 (BRASIL, 1909), que obrigava a Rio de Janeiro Tramway, Light & Power Company a substituir a antiga tração a vapor da ferrovia pela elétrica, conforme acordado pelo então ministro da viação, Francisco Sá, e o representante da Rio de Janeiro Tramway, Light & Power Company, Alexandre Mackenzie.

A primeira viagem experimental com uma locomotiva elétrica foi realizada em 6 de janeiro de 1910 entre Cosme Velho e Paineiras, com a presença do Dr. Castro Barbosa (engenheiro da Fiscalização Federal das Estradas de Ferro), W. A. Pearsen, E. C. Wheelez, W. Troop, A. Costa Souto e J. H. Handyside (representantes da Rio de Janeiro Tramway, Light & Power Company), e Francis Jones e J. Boesch (representantes da Oerlikon). A tração a vapor foi completamente suprimida por volta de fevereiro de 1910, e o êxito do projeto de eletrificação permitiu à E. F. Corcovado reequilibrar suas contas e permanecer lucrativa nas décadas seguintes, recebendo milhares de turistas sem nenhum tipo de acidente.

A atratividade turística da E. F. Corcovado ganhou força com a construção da estátua do Cristo Redentor no alto do morro homônimo, cuja pedra fundamental foi lançada em 1922 e a inauguração realizada em 12 de outubro de 1931. Durante as obras, a ferrovia contribuiu de forma decisiva para a construção do monumento, transportando diversos materiais e mão de obra necessários.

O trem do Corcovado foi operado pela Rio de Janeiro Tramway, Light & Power Company até o término da concessão em 8 de janeiro de 1970 (GORNI, 2003). A partir daí, o tráfego foi interrompido, já que nem a Rio de Janeiro Tramway, Light & Power Company ou outra empresa nem o governo tinham interesse em manter o serviço. Após algumas discussões, o governo do então estado da Guanabara retomou os serviços em 19 de abril do mesmo ano. No entanto, um pequeno acidente ocorrido em 17 de dezembro (o primeiro desde a inauguração) mostrou que os equipamentos com mais de 60 anos de uso constante precisavam ser modernizados, e a ferrovia passou por uma ampla reforma de via permanente e substituição dos trens entre os anos de 1977 e 1979.

Em 1979, a E. F. Corcovado foi repassada para a operadora privada Esfeco, que trocou seu nome para Trem do Corcovado (CENTRO-OESTE, 2021a). Desde então, ela tem mantido a ferrovia em excelentes condições operacionais e utilizou os trens antigos até outubro de 2019, quando foram substituídos por três novas composições que aumentaram a capacidade de transporte na linha (LISBOA, 2019). Em seus mais de cem anos de operação, a E. F. Corcovado transportou diversos passageiros ilustres, como o Imperador Pedro II, a Princesa Isabel, os papas Pio XII e João Paulo II, Alberto Santos Dumont, os presidentes Epitácio Pessoa e Getúlio Vargas, Albert Einstein e a Princesa Diana de Gales; e tem se mantido como um dos principais passeios turísticos do Brasil, com cerca de 600 mil turistas anuais.

Estrada de Ferro Perus Pirapora (EFPP)

A EFPP foi criada em 1910, quando Sylvio de Campos, Mário Tibiriçá e Clemente Neidhardt obtiveram a concessão para construir uma ferrovia ligando o bairro de Perus, na cidade de São Paulo, ao santuário de Pirapora do Bom Jesus (GERODETTI, CORNEJO, 2005). No entanto, o objetivo inicial era transportar cal produzida no bairro Gato Preto para a linha da São Paulo Railway, em Perus. No entanto, a concessão só foi obtida por meio de um projeto de transporte de romeiros, haja vista que o governo não aprovaria a construção de uma ferrovia tão pequena pela razão original. O primeiro trecho ficou pronto em 1914, ligando a Estação de Perus da São Paulo Railway à localidade de Gato Preto, no atual município de Cajamar, onde era realizada a extração de calcário e fabricação de cal. De todas as ferrovias contempladas nesta obra, a EFPP se destaca por ser a única em bitola 0,60 m, escolhida pelo baixo custo inicial para a implantação dos trilhos.

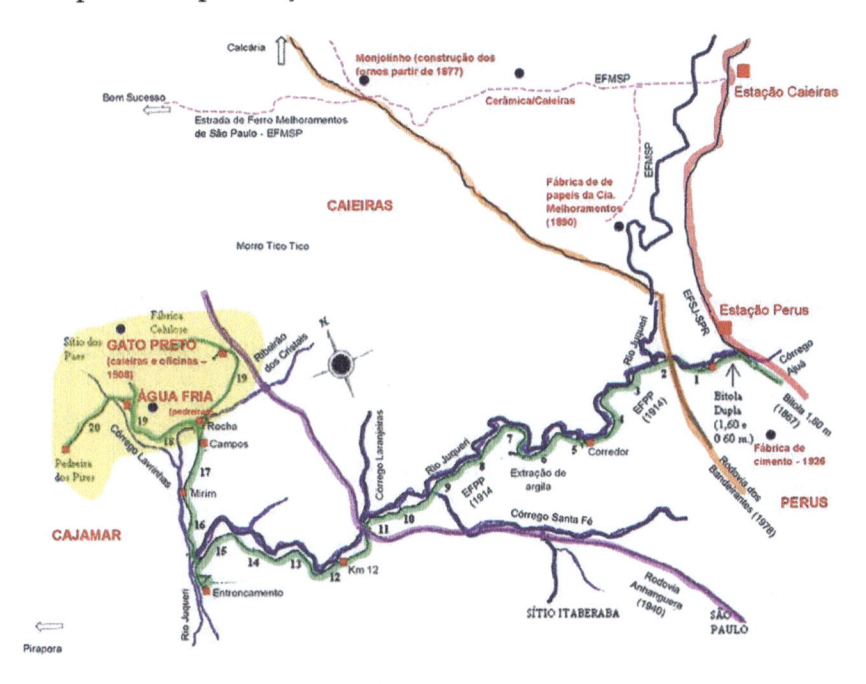

Figura 17 — *Mapa da Estrada de Ferro Perus Pirapora.*
Fonte: Jeronymo, 2017.

Em 1925, a empresa canadense Brazilian Portland Cement Company se instalou em Perus, construindo a primeira fábrica de cimento do local e passou a utilizar o calcário extraído em Cajamar. Para tal, a linha férrea recebeu dois novos ramais: um mais curto para Entroncamento, e outro mais longo para Cajamar, partindo da Estação de Campos (km 17,5). Em 1951, o grupo industrial J. J. Abdalla adquiriu a fábrica de cimento — que passou a se chamar Companhia

Brasileira de Cimento Perus (CBCP) — além das minas de calcário e a ferrovia, operando-a até 1974, quando a EFPP foi repassada para a União. E, em 1981, a família Abdalla readquiriu a ferrovia, reformou-a e manteve as operações até janeiro de 1983.

A EFPP foi tombada pelo Conselho de Defesa do Patrimônio Histórico, Arqueológico, Artístico e Turístico (Condephaat) em 1987, e desde então aguarda um projeto de revitalização para ser utilizada como atração turística. Por ter sido uma das últimas ferrovias de bitola 0,60 m em operação no Brasil, a EFPP recebeu diversos equipamentos de outras companhias ferroviárias, conforme essas desativavam suas linhas na chamada "bitolinha", e hoje tem um acervo único no mundo de material ferroviário nessa bitola. Contudo, por volta de 2016 (FERREOCLUBE, 2016), somente um pequeno trecho da ferrovia ainda podia ser utilizado, pois a maioria do material rodante se encontrava em péssimas condições de uso, aguardando o restauro. Segue indefinida a data de revitalização de novos trechos ao turismo.

Giordani Turismo

A Giordani Turismo é uma agência turística fundada em 17 de novembro de 1992 com o objetivo inicial de vender ingressos para o serviço turístico Trem do Vinho, operado pela RFFSA no trecho de Carlos Barbosa (RS), a Jaboticaba (RS). em uma linha construída em 1919 pela antiga Viação Férrea do Rio Grande do Sul (CLIC RBS, 2010; ESTAÇÕES FERROVIÁRIAS, [20—]). No ano seguinte, a empresa assumiu a operação da linha no trecho entre Bento, Garibaldi e Carlos Barbosa, duas vezes por semana e com dois horários por dia. Com o sucesso do Trem do Vinho, a Giordani Turismo adquiriu em dezembro de 2020 o primeiro modelo de VLT produzido pela Marcopolo com o intuito de operar trens turísticos no trecho de serra entre Carlos Barbosa e Jaboticaba (CONSUMIDOR RS, 2020).

Serra Verde Express

A ferrovia ligando o Porto de Paranaguá à cidade de Curitiba, capital da então província do Paraná, foi projetada em 1871 pelos engenheiros André Rebouças, Antônio Pereira e José Rebouças, com o objetivo inicial de ligar a cidade de Curitiba ao litoral do Paraná. Vencendo um desnível de 952 metros de altitude em 40 km de Morretes a Curitiba, a linha férrea assentada em bitola métrica com 13 túneis e cerca de 75 pontes e viadutos, foi inaugurada em 2 de fevereiro de 1885 como uma das mais ousadas obras de engenharia ferroviária do mundo em sua época. Inicialmente pertencente à francesa Compagnie Géneérale des Chemins de Fer Brésiliens (sua proprietária desde 1879), a E. F. Paraná foi adquirida pela Estrada de Ferro São Paulo-Rio Grande em 1910, a qual expandiu sua linha principal e construiu uma vasta rede ferroviária de mais de 1.500 km de extensão que se estendia por toda a Região Sul do Brasil e possuía em Ponta Grossa (PR) (inaugurada em 2 de março de 1894) seu principal entroncamento.

Posteriormente, a ferrovia expandiu seus trilhos até Porto Amazonas (PR) e Rio Negro (PR). Houve projetos para estender a linha até as margens do Rio Iguaçu, na divisa com a Argentina, o que nunca ocorreu (o projeto de uma ferrovia para servir a região oeste do Paraná só se tornaria realidade com a Ferroeste, em 1988). Por meio do Decreto n. 4.746, do dia 25 de setembro de 1942, a E. F. Paraná foi incorporada à Rede de Viação Paraná-Santa Catarina, junto com as outras ferrovias E. F. Norte do Paraná, E. F. São Paulo Rio Grande e E. F. São Paulo Paraná. Em 1957, a RVPSC foi incorporada à RFFSA, que manteve o transporte de mercadorias e passageiros na região até a privatização da Malha Sul, ocorrida em 13 de dezembro de 1996, cujo leilão foi vencido pela Ferrovia Sul Atlântico.

Como a maioria dos serviços de passageiros estava sendo descontinuada devido à privatização da RFFSA, a Serra Verde Express

(SVE) é fundada em 1997 como uma operadora turística, com a missão de operar o trem de passageiros de Curitiba a Paranaguá, até então mantido pela estatal. Desde então, essa linha tem sido operada junto com a concessionária Rumo Logística, que a utiliza para transportar mercadorias para o Porto de Paranaguá. Das 18 estações existentes no trecho, 14 são mantidas pela Rumo, enquanto as estações de Curitiba, Marumby, Morretes e Paranaguá foram concedidas para a SVE utilizar para embarque e desembarque de passageiros em seu trem turístico.

Por volta de 2005, o trem se tornou a segunda principal atração turística do Paraná, perdendo apenas para a cidade de Foz do Iguaçu. No início de 2007, a SVE obteve a renovação da concessão do serviço por mais dez anos. Usufruindo da experiência adquirida com o trem de Curitiba a Paranaguá, ela expandiu suas atividades para outras rotas turísticas no Brasil. Em 2008, foi inaugurado o primeiro trem de luxo do país, batizado de Great Brazil Express, em parceria com a Transnico International. A composição é formada por três carros denominados Copacabana, Foz do Iguaçu e Curitiba, e circula no período noturno no mesmo percurso de Curitiba a Morretes, sendo o principal trem turístico dessa rota.

Além disso, a SVE também lançou em maio de 2009 o Trem do Pantanal, entre Bauru (SP) e Corumbá (MS) na linha da antiga E. F. Noroeste do Brasil (na época, operada pela ALL). Esse trem foi operado até fevereiro de 2015, quando a empresa o suspendeu devido às condições precárias da via permanente (na época, mantida pela ALL) que não permitiam operações em altas velocidades, bem como à baixa demanda por parte do público (CAMPOS Jr., 2015). Outro serviço de destaque foi o Trem das Montanhas Capixabas, operado entre 2010 e 2015 no percurso de Viana (ES) a Araguaia (ES), cujo objetivo era fomentar o turismo no Espírito Santo (PEDRA AZUL DO ARACÊ, 20--). Porém, assim como o Trem do Pantanal, esse serviço foi desativado devido à baixa demanda e às dificuldades de manutenção da automotriz alocada na região (MONTANHAS CAPIXABAS, 2018). Por fim, em dezembro de 2020, a SVE inaugurou o Trem Republicano, no percurso de Itu a Salto, utilizando uma linha da antiga Companhia Ytuana restaurada para esse fim (CATRACA LIVRE, 2020).

Novos corredores ferroviários

Ferrovia Norte-Sul (FNS)

A FNS foi concebida em 1985 como um corredor ferroviário de integração entre as regiões Norte e Sul do Brasil, com um traçado original de bitola larga ligando Açailândia (MA) a Anápolis (GO), em um percurso de 1.550 km de extensão (CARVALHO, PARANAÍBA, 2019). Com o passar do tempo, esse percurso foi estendido, visando ampliar o papel dela como corredor de integração nacional. Por meio da Lei n. 11.297, de 9 de maio de 2006 (BRASIL, 2006), foi incorporado ao traçado original o trecho de Açailândia até Barcarena (PA), reduzindo a dependência da Estrada de Ferro Carajás (EFC) para acesso a uma via portuária. Por meio da Lei n. 11.772, de 17 de setembro de 2008, foi incluída uma extensão de Ouro Verde (GO) a Panorama (SP), como parte dos planos da Valec de estender a FNS até Rio Grande (RS). Ao longo de seu percurso previsto de 4.000 km, a Ferrovia Norte-Sul deverá ser o corredor com o maior número de integrações em todo o sistema ferroviário, possuindo conexões com malhas já existentes operadas pela E. F. Carajás, Rumo Logística e VLI, e com os novos corredores da Transnordestina, Ferrovia de Integração Centro-Oeste, e Ferrovia de Integração Oeste-Leste. O percurso da FNS pode ser visto na Figura 18.

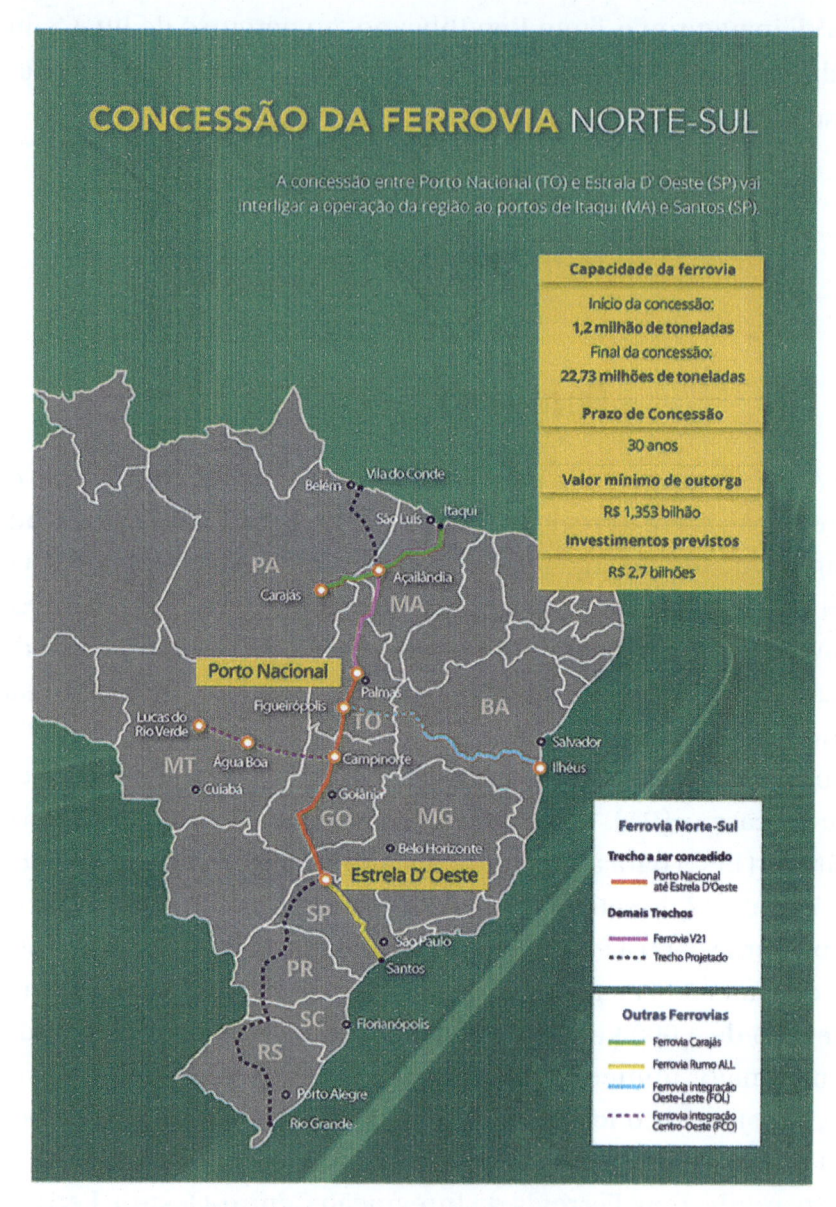

Figura 18 *— Mapa da Ferrovia Norte-Sul.*
Fonte: Ministério da Infraestrutura, 2018.

Suas obras se iniciaram em 1987, tendo o trecho de Açailândia a Porto Franco (MA) sido entregue em 1996. Em 2007, os trilhos chegaram a Araguaína (TO) (GOUVEIA, 2007). Nesse ano, a ferrovia foi concedida pela Valec à Vale S.A. por um período de 30 anos, em um leilão em que a Vale foi a única interessada, pagando o valor mínimo de R$ 1,478 bilhão (ARAÚJO, 2007). Embora os trilhos da FNS terminassem em Araguaína (TO), o trecho concedido possuía o dobro da extensão, e a construção da outra metade foi financiada com recursos obtidos com a concessão.

Conforme o relatório do Programa Nacional de Logística e Transportes (PNLT) de 2007, o trecho compreendido entre Araguaína e Porto Nacional (TO) estava previsto para o período de 2008 a 2011, junto com uma futura integração da ferrovia com malha ferroviária do Sudeste e um ramal para Lucas do Rio Verde (GO) (BRASIL, 2007). Embora estivesse previsto para o final de 2008, o trecho até Guaraí (TO) foi inaugurado apenas em março de 2010 (BRASIL, 2010), e o segmento até Palmas (TO), previsto para o final de 2009, foi inaugurado apenas em setembro de 2010. Em 2010, a Vale S.A. desmembrou sua operação da Ferrovia Norte-Sul e a uniu à Ferrovia Centro Atlântica (FCA), dando origem à Valor da Logística Integrada (VLI), a qual passou a operar a malha da FCA e o trecho da FNS entre Açailândia e Porto Nacional (MELO, 2015).

Em janeiro de 2011, foram iniciadas as obras no trecho de Ouro Verde de Goiás (GO), a 40 km de Anápolis (GO), até Estrela d'Oeste (SP), com 684 km de extensão, sendo a primeira seção além do projeto inicial da FNS. O traçado previsto no projeto original foi concluído em 2014 e entregue ao tráfego em 2015, mas desprovido de terminais operacionais, o que exigiu cerca de R$ 700 milhões em investimentos posteriores na construção de pátios e instalações para carregamento e transbordo de mercadorias (R7, 2014). Em 2018, o trecho de Ouro Verde (GO) a Estrela d'Oeste (SP), cuja conclusão estava prevista para o segundo semestre do mesmo ano, teve suas obras suspensas e a responsabilidade por seu término transferida para o operador do trecho central.

Em 29 de março de 2019, foi realizado o leilão do trecho entre Porto Nacional (TO) e Estrela d'Oeste (SP), vencido pela Rumo Logística com um lance de R$ 2,719 bilhões (G1, 2019a). Apesar de ter sido o primeiro leilão de uma ferrovia em mais de dez anos, tendo um resultado considerado satisfatório pelo Ministério da Infraestrutura (ágio de 100%), o leilão foi alvo de críticas na questão do direito de passagem. Como apontou o procurador Júlio Marcelo, do Ministério Público, como o trecho leiloado está ligado a duas malhas ferroviárias já concedidas (em Porto Nacional, com o trecho da FNS já operado pela VLI, e ao sul, operada pela Rumo), sem garantias claras de passagem por essas linhas, o operador não conseguiria acesso a nenhum porto (O GLOBO, 2019a).

Dessa forma, Marcelo argumentou que a falta de clareza com o mecanismo de compartilhamento de infraestrutura prejudica a concorrência e favorece os operadores já estabelecidos no mercado brasileiro. Como exemplo, merece destaque a companhia ferroviária russa RZD que, apesar de ter manifestado interesse, não participou do leilão. Entretanto, a União negou qualquer tipo de favorecimento, afirmando que as regras foram debatidas e aprovadas pelo plenário do Tribunal de Contas da União (TCU — G1, 2019b).

De acordo com a Valec (2020), ainda se encontram em estudo o prolongamento de Açailândia a Barcarena (PA), a extensão de Estrela d'Oeste (SP) a Panorama (SP), e a extensão para a Região Sul do país. Inicialmente, o prolongamento da FNS para o sul seria um trecho que ligaria Panorama (SP) a Porto Murtinho (RS). No Plano Nacional de Viação de 2008, todavia, foi separado como um projeto, denominado Ferrovia do Pantanal (BRASIL, 2008). Em 2012, foram contratados os estudos de viabilidade para os trechos atuais, sendo o primeiro compreendido entre Panorama (SP) e Chapecó (SC) com 951 km, e o segundo, de Chapecó (SC) a Rio Grande (RS), com 833 km.

Ferrovia de Integração Centro-Oeste (FICO)

A FICO foi originalmente proposta no PNLT como um ramal da Ferrovia Norte-Sul para Lucas do Rio Verde (MT), buscando ampliar a infraestrutura ferroviária nos estados de Goiás e Mato Grosso (BRASIL, 2007). Por meio da Lei n. 11.772, de 17 de setembro de 2008 (BRASIL, 2008), o trecho foi incluído na Ferrovia Transoceânica, desenvolvida para ligar o Oceano Atlântico ao Pacífico, cruzando os territórios brasileiro e peruano. Dentro desse projeto, a obra foi outorgada à Valec como a seção entre Campinorte (GO) e Vilhena (RO), sendo os estudos de viabilidade iniciados nesse mesmo ano. Já as outras seções (da Ferrovia Transoceânica) em território brasileiro seriam formadas pela Ferrovia de Integração Oeste-Leste e um outro trecho de Campinorte (GO) ao Porto do Açu (RJ). Seu traçado pode ser visualizado na seguinte Figura 19.

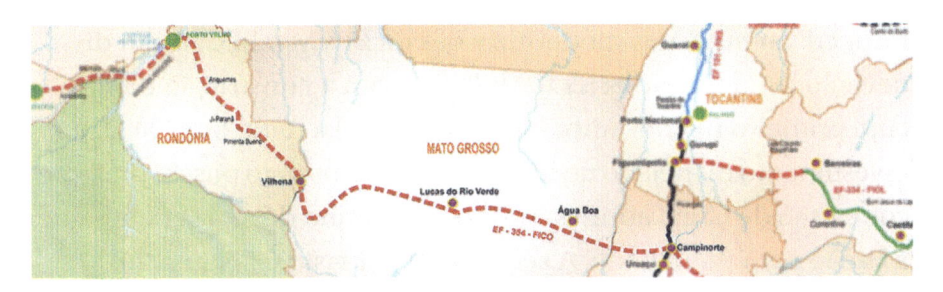

Figura 19 — Mapa da Ferrovia Transcontinental, mostrando o traçado de Campinorte até Porto Velho.
Fonte: Valec, 2021.

Os estudos de viabilidade entre Campinorte (GO) e Água Boa (MT) foram finalizados pela Valec em 2010, e o projeto foi incluído no Programa de Aceleração do Crescimento (PAC), como uma linha de Uruaçu (GO) a Vilhena (RO) (BRASIL, 2010). Em 2012, foi prevista na segunda fase do PIL uma extensão da FICO de Lucas do Rio Verde a Miritituba (PA) (BRASIL, 2012); e, em 2015, foi assinado um acordo entre os governos do Brasil, China e Peru para realizar os estudos para a construção da Ferrovia Transoceânica (LISSARDY, 2015). Em 2019, a Valec alterou o ponto inicial da ferrovia de Campinorte (GO) para Mara Rosa (GO), e dividiu o projeto da FICO em quatro seções:

- » Mara Rosa (GO) a Água Boa (MT), com 383 km;
- » Água Boa (MT) a Lucas do Rio Verde (MT), com 505 km;
- » Lucas do Rio Verde (MT) a Vilhena (RO), com 646 km;
- » Vilhena (RO) a Porto Velho (RO), com 770 km.

Em 29 de julho de 2020, o TCU vinculou a ferrovia à renovação antecipada das concessões das EFVM e EFC, operadas pela Vale (G1, 2020). Com a renovação antecipada desses contratos, as concessões das ferrovias que venceriam em 2027 foram renovadas por mais 30 anos, e espera-se que a Vale invista cerca de R$ 8,5 e R$ 2,7 bilhões, respectivamente, nas modernizações da EFVM e EFC. Além disso, deverão ser destinados R$ 8,7 bilhões para a construção da FICO, cujo primeiro trecho, entre Mara Rosa (GO) a Água Boa (MT), tem investimento planejado de R$ 2,7 bilhões. O projeto possui prazo de conclusão de cinco anos, e após o seu término deverá ser entregue à União para ser licitado. A seção pode ser vista na Figura 20.

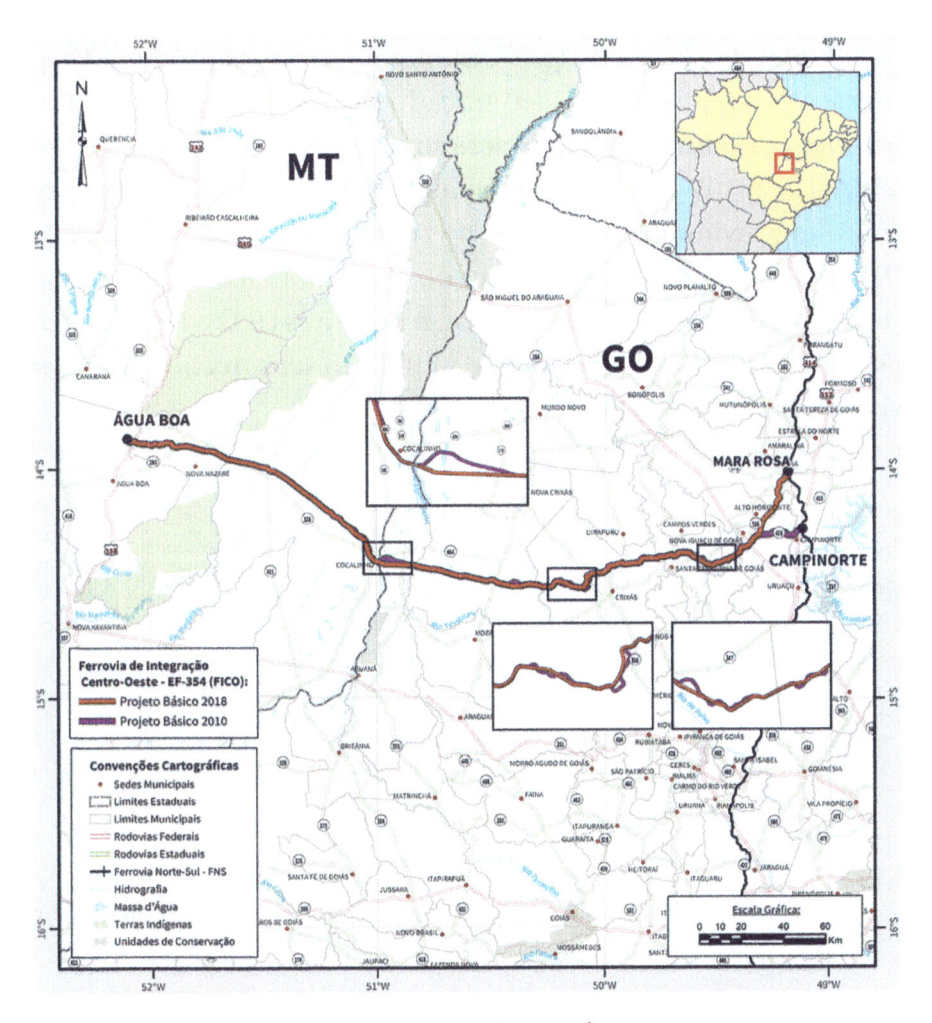

Figura 20 — Seção de Campinorte a Água Boa da FICO.
Fonte: Valec, 2021.

Ferrovia de Integração Oeste-Leste (FIOL)

A FIOL foi inicialmente proposta no PNLT em 2007, destinada a facilitar o escoamento da produção de minério e grãos no estado da Bahia (BRASIL, 2007). A construção dessa ferrovia foi outorgada à Valec por meio da Lei n. 11.772, de 17 de setembro de 2008 (BRASIL, 2008), com um traçado de bitola larga que iniciaria no futuro terminal Porto Sul, na cidade de Ilhéus (BA), e seguiria para Lucas do Rio Verde (MT), num percurso de 2.675 km de extensão. Porém, no PAC, o seu traçado foi alterado para terminar em Figueirópolis (TO), onde será integrado à Ferrovia Norte-Sul (BRASIL, 2010). Com isso, o percurso original foi reduzido para 1.527 km, divididos pela Valec em três seções: FIOL 1, de Ilhéus (BA) a Caetité (BA), com 537 km de extensão; FIOL 2, de Caetité (BA) a Barreiras (BA), com 485 km; e Barreiras (BA) a Figueirópolis (TO), com 505 km. A divisão da FIOL em seus trechos pode ser vista no mapa da Figura 21.

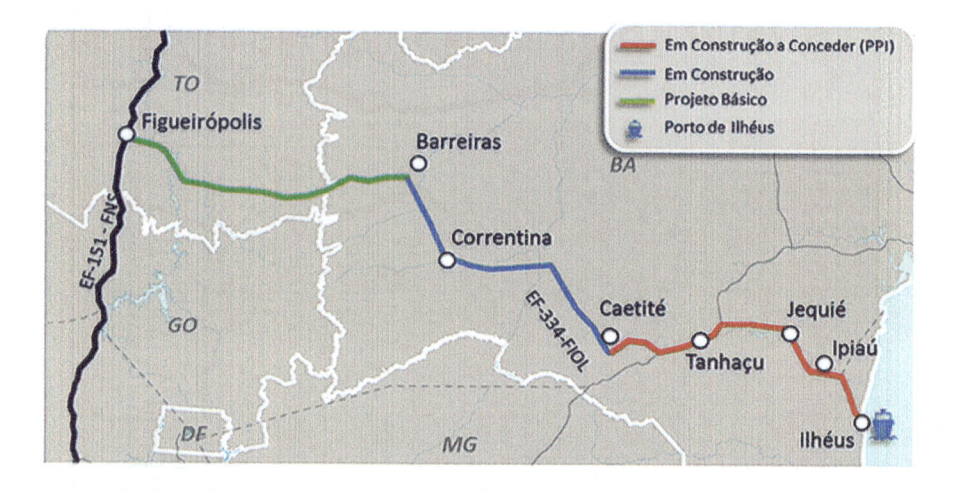

Figura 21 — Mapa da FIOL mostrando os trechos FIOL 1 (vermelho), FIOL 2 (azul) e a extensão para Figueirópolis com o objetivo de integração com a FNS.
Fonte: Associação Nacional dos Transportadores Públicos, 2019.

As obras no trecho de Ilhéus a Caetité tiveram início em 2011 com previsão de conclusão em 2014, mas, devido à falta de verbas, os trabalhos foram paralisados no início de 2015, em meio a protestos de trabalhadores locais sobre as demissões em massa realizadas pelo consórcio responsável pelas obras (G1, 2015a). Em março de 2016, a Valec rescindiu os contratos com as construtoras, alegando descumprimento de obrigações contratuais. Desde então, o ritmo das obras prosseguiu lentamente, sendo que menos de 30% das obras estavam concluídas em outubro de 2017 (G1, 2017). Por meio do Decreto n. 8.916, de 25 de novembro de 2016 (BRASIL, 2016a), a FIOL foi qualificada no Programa de Parcerias de Investimentos (PPI), com o intuito de ampliar os investimentos privados no setor ferroviário. E, em outubro de 2017, o governo federal planejou leiloar o trecho FIOL 1 para a iniciativa privada, buscando priorizar os investimentos na finalização desse trecho, cujas obras já estavam 75% concluídas (G1, 2017).

A concessão da primeira seção da FIOL busca permitir, em primeiro momento, escoar a produção mineral do sul da Bahia por meio do Porto Sul. Enquanto isso, a seção de Caetité a Barreiras, com 36% das obras concluídas, deverá permitir o escoamento de grãos do interior do estado, mas só será concedida em um contrato futuro. Em seguida, será realizada a concessão do trecho de Barreiras a Figueirópolis, para finalizar a FIOL e integrá-la à FNS. Com a renovação antecipada das concessões da Vale, foram vinculados R$ 300 milhões para a compra de trilhos e dormentes para a FIOL, com os recursos destinados à FICO.

Os estudos para a concessão tiveram início em agosto de 2018, a consulta pública foi realizada em 25 de novembro de 2019, e o edital foi aprovado em 16 de dezembro de 2020 (G1, 2020a). O contrato prevê a concessão da ferrovia por um período de 35 anos não renováveis (a partir da assinatura do contrato) para finalização da obra e início das operações, prevendo investimentos da ordem de R$ 5 bilhões. O leilão foi realizado em 8 de abril de 2021 e foi vencido pela Bahia Mineração (Bamin), subsidiária do grupo Eurasian Resources Group do Cazaquistão, que se apresentou como a única empresa interessada no projeto e venceu com o lance mínimo de R$ 32,7 milhões (VALOR ECONÔMICO, 2021).

Ferrogrão

As origens da Ferrogrão remontam ao ano de 2012, quando a empresa Estação da Luz Participações (EDLP) elaborou os estudos de uma nova ferrovia nos estados do Mato Grosso e Pará, com o apoio das *tradings* ADM, Amaggi, Bunge, Cargill, e Louis Dreyfus, e apresentou um relatório de viabilidade ao governo federal (PLANT PROJECT, 2019). O projeto foi proposto no PIL, lançado em 15 de agosto de 2012, com o objetivo de atender às demandas das novas regiões agrícolas no Centro-Oeste do Brasil (BRASIL, 2012). Ela deverá ligar o município de Sinop (MT) a Itaituba (PA), em um percurso de bitola larga com cerca de 930 km de extensão, conectando as principais regiões produtoras de grãos do Mato Grosso ao Porto de Miritituba (PA), no Rio Tapajós. A partir de Miritituba, os produtos seguirão pelo modal hidroviário pelos rios Tapajós e Amazonas, até os portos marítimos do Pará. O projeto é essencialmente destinado ao transporte de produtos agrícolas, como soja, farelo de soja, milho, fertilizantes, açúcar e etanol. O traçado da ferrovia pode ser contemplado na Figura 22.

Figura 22 — *Ferrogrão.*
Fonte: Ministério da Infraestrutura, 2021.

Apesar da proximidade da Região Norte, cerca de 70% da safra mato-grossense é escoada pelos portos de Santos (SP) e Paranaguá (PR), localizados a cerca de 2.000 km das regiões produtoras. O principal motivo disso é a precariedade da rodovia BR-163, que possui cerca de 100 km de vias não pavimentadas em uma zona de alta precipitação fluvial, somado ao fato de o escoamento da safra coincidir com o período de chuvas na região (janeiro a abril). Como observado por Lucas (2018), são comuns os atrasos e acidentes com caminhões na região, resultando em elevados custos logísticos para o transporte da safra via modal rodoviário.

Dessa forma, a Ferrogrão foi concebida para aumentar a segurança e reduzir os custos logísticos para escoar a produção agrícola pela Região Norte do Brasil, dando acesso mais competitivo a um porto mais próximo, e também desafogar os portos de Santos e Paranaguá. Além disso, o escoamento pelo Pará também reduzirá os custos de transporte marítimo, dada a maior proximidade aos mercados consumidores na América do Norte, na Europa e na Ásia (via Canal do Panamá).

Apesar de sua importância no desenvolvimento de um novo corredor de exportações, o projeto ainda não prevê integrações com o restante do sistema ferroviário nacional. Porém, há uma proposta da Associação dos Produtores de Soja e Milho do Estado do Mato Grosso (Aprosoja) e dos prefeitos dos municípios de Sorriso (MT) e Lucas do Rio Verde (MT) para estender a Ferrogrão para atravessar Sorriso e terminar em Lucas do Rio Verde (a cerca de 177 km de Sinop), onde seria a integração com a FICO e a Ferronorte (ALVES, 2017). Caso essa proposta seja incluída no projeto original, Lucas do Rio Verde se tornaria o principal entroncamento ferroviário do Centro-Oeste do Brasil, com acessos aos portos de Santos (via Ferronorte), Itaqui (via FICO e FNS) e Miritituba (via Ferrogrão).

Por meio da Resolução n. 2, de 13 de setembro de 2016 (BRASIL, 2016c), convertida no Decreto n. 8.916, de 25 de novembro de 2016 (BRASIL, 2016a), a Ferrogrão foi qualificada no Programa de Parcerias de Investimento (PPI), e os estudos por parte da União ficaram a cargo da Empresa de Planejamento e Logística (EPL).

Os estudos do projeto foram concluídos em 19 de maio de 2017, com um traçado que atravessaria o Parque Nacional do Jamanxim, no sul do Pará. Para permitir que a construção da ferrovia atravesse a reserva, foi sancionada a Lei n. 13.452, em 19 de junho de 2017 (BRASIL, 2017b), desvinculando a área do parque a ser utilizada pela faixa de domínio. Porém, em 19 de março de 2018, a rede Xingu enviou uma carta para *tradings*, produtores rurais e bancos estatais e privados (principais envolvidos no empreendimento) denunciando os impactos socioambientais da Ferrogrão, exigindo seu direito à consulta antes da concessão e início das obras (INSTITUTO SOCIOAMBIENTAL, 2018). O principal problema é o potencial crescimento dos conflitos fundiários nas proximidades da ferrovia envolvendo terras indígenas e reservas ambientais, visto que a construção intensificará os interesses no arrendamento de terras no local.

Apesar do comprometimento inicial em consultar todos os envolvidos, o governo federal se recusou a consultar os povos indígenas afetados pela ferrovia na consulta pública realizada em 7 de maio de 2020, e o Ministério Público Federal (MPF) solicitou em outubro de 2020 a supressão cautelar do processo de licitação (INSTITUTO SOCIOAMBIENTAL, 2017; UOL, 2020). Em dezembro do mesmo ano, o governo desenhou um mecanismo inédito de subsídios, colocando à disposição da futura concessionária da Ferrogrão até R$ 2,2 bilhões em recursos da União para cobrir os chamados "riscos não gerenciáveis" do empreendimento (envolvendo regularizações fundiárias, liberação de terrenos, achados espeleológicos em grutas e cavernas no local etc. (VALOR ECONÔMICO, 2020). Os recursos devem ficar à margem do Orçamento Geral da União, pois virão da outorga paga pela Vale na renovação das concessões da EFC e da EFVM. Embora a Ferrogrão se encontre desde 10 de julho de 2020 em avaliação pelo TCU, o projeto segue com o lançamento do edital previsto para o final de 2021, e a assinatura do contrato no primeiro semestre de 2022. A concessão será realizada por leilão público e terá prazo de 65 anos renováveis, dos quais 5 anos são previstos para a construção e 60 para a operação. Assim como nas demais ferrovias no país, o modelo operacional seria vertical, em que a mesma empresa responsável pela construção também se encarrega das operações.

Parte IV
RESULTADOS

Trem de passageiros da Associação Brasileira de Preservação Ferroviária (ABPF) na Estação de Jaguariúna, em 28 de maio de 2016.
Fonte: Bruno Pereira Rodrigues (viajante FLA).

Parte IV
RESULTADOS

DISCUSSÃO

Concluída a observação das atuais propostas de construção de novos corredores e *shortlines*, é possível analisar algumas vantagens e obstáculos para seu desenvolvimento e o seu impacto no mercado ferroviário como um todo.

Como observado na revisão histórica das ferrovias no Brasil, o sistema ferroviário passou por uma ampla reestruturação iniciada na década de 1950 com os trabalhos da CMBEU, em que se propôs a erradicação dos ramais considerados antieconômicos e uma especialização do modal em alguns segmentos específicos de transporte. Embora essa transformação tenha ocorrido no mundo todo em decorrência do desenvolvimento do transporte sobre pneus — que vinha se mostrando um concorrente mais eficaz do que muitas ferrovias de baixa densidade, por não depender de infraestrutura fixa (trilhos) — no Brasil, ela se deu como uma política antiferroviária, em que a política de transportes passou a ser orientada pelo modal rodoviário, principalmente depois do governo JK. Nesse contexto, as ferrovias passaram a ser reestruturadas no modelo de negócios que Nunes (2008) define como "ferrovia mínima", focada no transporte de grandes volumes de poucos produtos, para poucos clientes, com fluxos em sua maioria direcionados aos portos — do interior para os portos já existente no país desde o século XIX.

Sob essa óptica, a privatização ocorrida na década de 1990 pode ser considerada falha, por não ter contribuído para alterar o modelo de negócios já vigente no setor desde o período de gestão e propriedade estatais. E a renovação das concessões sem implantar contrapartidas adequadas corre o risco de manter o *modus operandi* das atuais concessionárias e as deficiências de um sistema ferroviário voltado somente para atuar como uma esteira transportadora de poucos produtos em direção aos portos.

O uso dos recursos das outorgas das concessões para ampliar a rede ferroviária por meio dos novos corredores que se propõem serem as principais rotas ferroviárias do país pode crescer consideravelmente nos próximos anos com as licitações que devem ser realizadas no curto prazo. Se os leilões forem feitos e as obras avançarem, esses novos corredores promoverão maior integração no sistema ferroviário, ampliando a participação do modal ferroviário na matriz de transportes nacional. É improvável, todavia, que altere o *modus operandi* estabelecido na privatização da rede ferroviária na década de 1990, caracterizado pela operação concentrada em poucos clientes, voltada para o transporte de grandes volumes de um conjunto estreito de produtos.

Por outro lado, a proposta das *shortlines* pode, de fato, alterar a dinâmica do mercado, facilitando a entrada de novas empresas no segmento para a construção de novas linhas férreas, seja para uso particular ou operações em sincronia com as principais concessionárias (projetos *greenfield*). Além disso, ela também pode crescer por meio da revitalização de trechos ociosos, aproveitando-se do modelo de negócios de diversas ferrovias já existentes no cenário nacional (projetos *brownfield*). Contudo, pode se mostrar insuficiente para promover integrações no sistema ferroviário no que se refere às padronizações de bitola: as ferrovias industriais não se importam muito com a padronização por se dedicarem apenas a operações internas, enquanto as comerciais tendem a utilizar a bitola da malha da concessionária em que realizam operações compartilhadas.

Além disso, o desenvolvimento de *shortlines* pode ser impedido por diversos fatores como a ausência de mecanismos claros de compartilhamento de infraestrutura (direito de passagem), o que pode afetar eventuais ramais secundários que ligam os principais corredores ferroviários do país; e a ausência de um regime regulatório propício pode prejudicar a viabilidade das *shortlines* no Brasil, independentemente do modelo de negócios adotado.

O primeiro grupo de ferrovias analisado dentre as potenciais candidatas a primeiras *shortlines* do Brasil (linhas férreas industriais) é o que mais pode se desenvolver num ambiente regulatório mais simples. Porém, as ferrovias de uso industrial devem ter pouco impacto na constituição de um sistema ferroviário integrado, pois tendem a ser projetos de uso interno de uma ou mais empresas, pouco integrado ao restante da malha ferroviária. E, como consequência de seu modelo de negócios mais isolado da rede ferroviária, devem ter efeito quase nulo sobre as padronizações operacionais, como a de bitolas, sinalizações e outras normas.

Já as ferrovias de uso comercial são o grupo mais promissor de eventuais *shortlines*, devido às operações de maior porte desenvolvidas em sincronia com as atuais concessionárias e voltadas para um leque maior de clientes (como o transporte de contêineres), o que lhes confere maior influência para forçar transformações no mercado ferroviário. No médio e longo prazo, podem até concorrer com as concessionárias, aumentando a competição intramodal no setor ferroviário, haja vista o interesse da Ferroeste em construir uma linha para Paranaguá em concorrência direta com a rota já existente da Rumo Logística. Essa categoria é a mais dependente da garantia de direito de passagem para obter êxito em suas operações: a Ferroeste atualmente depende do direito de passagem na malha da Rumo Logística para acessar o Porto de Paranaguá, e a Ferrovia Tereza Cristina também dependerá de mecanismos de compartilhamento de infraestrutura para diversificar suas atividades numa eventual expansão e conexão com o restante das ferrovias do país (no caso, também com a Rumo Logística).

Além disso, as duas ferrovias pertencentes a essa categoria são as candidatas a *shortlines* com maior potencial de se tornarem as primeiras *shortlines* no país: a primeira pode ser privatizada dentro do regime de autorizações proposto pelo PL n. 261 (BRASIL, 2018), enquanto a última possui interesse numa eventual conversão de sua concessão para autorização, tendo em vista a redução de encargos contratuais para reduzir os custos dos clientes. Para ambas, a migração para o regime de autorização é uma oportunidade para reduzir encargos regulatórios e, consequentemente, repassar essas reduções nos fretes. Finalmente, os projetos de expansão também são uma oportunidade para diversificar o portfólio de mercadorias, em especial para a FTC, cujo tráfego é consideravelmente mais concentrado que o da Ferroeste e das ferrovias industriais, como ilustrado na tabela abaixo:

Tabela 4 — Perfil de transporte das ferrovias industriais e comerciais

Ferrovia	Mercadorias transportadas
Amapá	Manganês (aprox. 100%), passageiros
Jari	Bauxita (sem dados), celulose (S/D)
Juruti	Bauxita (100%)
Trombetas	Bauxita (100%)
Ferroeste	Cimento (7,23%), contêineres (24,63%), fertilizantes (7,59%), grãos (57,49%), outros (3,05%)
FTC	Carvão (95%), contêineres (5%), passageiros (trem turístico)

Por fim, as ferrovias turísticas podem contribuir para revitalizar alguns trechos abandonados com baixo potencial para o transporte de cargas, seja coexistindo com o transporte de mercadorias ou sendo o turismo a atividade exclusiva dessa linha férrea. Assim como as ferrovias de uso industrial, as *shortlines* voltadas para o turismo pouco contribuirão para a padronização de bitolas no sistema ferroviário, e até mesmo para a expansão da malha ferroviária, pois a maioria dos empreendimentos dessa categoria tendem mais a revitalizar linhas e percursos históricos do que impactar rotas novas, de construção recente.

O modelo de negócios de serviços turísticos geralmente possui três principais vertentes: (I) destino, (II) paisagem, e (III) históricas. A primeira tem como principal atrativo as localidades finais de seu percurso; já na segunda, destaca-se a vista durante o percurso. Por fim, a terceira não possui destino ou paisagem notórios, dependendo do fator lúdico do trem a vapor. Os trens turísticos selecionados podem ser classificados da seguinte forma, como demonstrado na Tabela 5.

Tabela 5 — Características das ferrovias turísticas

Trem turístico	Rota	Inauguração	Operador	Vertente
Viação Férrea Campinas—Jaguariúna	Campinas (SP) a Jaguariúna (SP)	1984	ABPF	Histórico
Serra da Mantiqueira	Passa Quatro (MG)	2004	ABPF	Histórico
Trem das Águas	São Lourenço (MG) a Soledade de Minas (MG)	2000	ABPF	Histórico
Turístico da Estrada de Ferro Santa Catarina	Apiúna (SC)	2013	ABPF	Histórico
Trem das Termas	Marcelino Ramos (SC) a Piratuba (SC)	2003	ABPF	Histórico
União da Vitória	União da Vitória (PR) a Porto União (SC)	2005	ABPF	Histórico
Trem dos Imigrantes	São Paulo (SP)	1998	ABPF	Histórico
Trem dos Ingleses	Santo André (SP)	2006	ABPF	Histórico

Trem turístico	Rota	Inauguração*	Operador	Vertente
Trem de Guararema	Guararema (SP)	2015	ABPF	Histórico
Trem da Serra do Mar	Rio Negrinho (SC) a Rio Natal (SC)	1995	ABPF	Histórico e paisagem
Trem Caiçara	Antonina (PR) a Morretes (PR)	2020	ABPF	Destino
Trem do Corcovado	Rio de Janeiro (RJ)	1884	Esfeco	Destino e paisagem
Campos do Jordão	Pindamonhangaba (SP) a Campos do Jordão (SP)	1914*	E. F. Campos do Jordão	Destino, paisagem e histórico
Pirapora	São Paulo (SP)	1914*	E. F. Perus Pirapora	Misto
Trem do Vinho	Bento Gonçalves (RS) a Garibaldi (RS)	1992	Giordani Turismo	Destino
Trem da Serra do Mar Paranaense	Curitiba (PR) a Morretes (PR)	1997	Serra Verde Express	Paisagem
Montanhas Capixabas	Viana (ES) a Marechal Floriano (ES)	2010	Serra Verde Express	Paisagem
Trem do Pantanal	Campo Grande (MS) a Corumbá (MS)	2009	Serra Verde Express	Paisagem
Trem Republicano	Itu (SP) a Salto (SP)	2020	Serra Verde Express	Paisagem e histórico

* Inauguração comercial da ferrovia, não necessariamente do serviço turístico.

Fonte: elaborada pelos autores.

Para a expansão desse modelo de negócios no reaproveitamento de ramais ociosos, a proposta de Barbosa (2020) de obrigatoriedade de operacionalização de toda a malha ferroviária pode se apresentar como uma alternativa de alto risco, tendo em vista que muitos dos trechos atualmente ociosos podem não ser comercialmente viáveis, devido aos altos custos envolvidos na recuperação de algumas linhas. Como exemplo, a linha de Altos a Parnaíba listada na nota técnica do GFPF entre Teresina e Parnaíba se encontra em condições bastante precárias para resgate, conforme informações obtidas no site Estações Ferroviárias ([20--]):

> A linha da Estrada de Ferro Central do Piauí foi aberta em 1922 ligando o Porto de Luiz Correa à Estação de Cocal. Até 1937, teve um lento prosseguimento até alcançar Piripiri nesse ano. Aí, somente em 1952 chegou a Campo Maior, com os trens de passageiros somente atingindo essa cidade em 1966, e finalmente chegando a Altos e a Teresina em 1969. Os trens de passageiros serviram à estrada até pelo menos 1979. A estrada jamais foi oficialmente erradicada, mas hoje os trilhos já foram arrancados na maioria do percurso, exceto no trecho entre Altos e Teresina, onde a ferrovia faz parte da ligação Ceará-Maranhão.

Já o ramal de Cajati a Santos (localizado no estado de São Paulo), embora também esteja deteriorado por anos sem atividades ou conservação, possui melhores condições para reativação, também conforme informações de Estações Ferroviárias ([20--]):

> O ramal foi construído pelos ingleses da Southern São Paulo Railway, entre 1913 e 1915, partindo de Santos e atingindo Juquiá. Em novembro de 1927, o Governo do Estado comprou a linha e a entregou à Sorocabana, já estatal, no mês seguinte. O trecho entre Santos e Samaritá foi incorporado à Mairinque-Santos, que estava em início de construção no trecho da Serra do Mar, e o restante foi transformado no ramal de Juquiá. A partir daí, novas estações foram construídas, e em 1981, o ramal foi prolongado pela Fepasa, já dona da linha desde 1971, até Cajati, para atender às fábricas de fertilizantes da região. O transporte de passageiros entre Santos e Juquiá foi suspenso em 1977 e restaurado em 1983, parando porém definitivamente em 1997. A linha seguiu ativa para trens de carga que passavam quase diariamente, transportando enxofre do porto para Cajati, até o início de 2003, quando barreiras caíram sobre a linha na região do Ribeira. O transporte

foi suspenso e a concessionária Ferroban desativou a linha, que o mato cobriu rapidamente.

Inclusive, esse ramal é considerado um dos trechos de maior potencial de reativação, tendo em vista suas condições de conservação e a demanda local. A venda de ramais de forma voluntária entre as concessionárias e eventuais interessados é, portanto, uma solução menos dispendiosa para revitalizar trechos ociosos, uma vez que os investimentos poderão ser feitos apenas nos trechos com maior potencial de reaproveitamento.

Como entraves regulatórios abrangentes do setor ferroviário, pode-se observar a forma de exploração do transporte ferroviário e a insegurança jurídica, que limitam tanto o desenvolvimento de *shortlines* no Brasil como o desempenho das grandes concessionárias. A atividade de transporte ferroviário é, essencialmente, competência da União, embora passível de ser transferida à iniciativa privada via concessões de prazo determinado. E embora existam mecanismos alternativos de permissão e autorização, são restritos para situações excepcionais de transporte irregular de passageiros, desvinculadas da exploração de infraestrutura, e situações emergenciais por prazo máximo de 180 dias. Como consequência, o mercado ferroviário no Brasil é explorado somente por concessões, o que limita a entrada de novas empresas e a concorrência intramodal, resultando em baixo crescimento da oferta de serviços e altos custos para os clientes.

Além de restringir a concorrência, o modelo de concessões também limita o horizonte temporal dos negócios. Embora aumentos de prazo influenciem pouco o valor presente dos empreendimentos, o planejamento das empresas fica restrito ao período estabelecido nos contratos, e a possibilidade de não renovação dos contratos (como no caso da concessão da FIOL, por exemplo, cuja concessão é de 35 anos não renováveis), independentemente do cumprimento adequado das normas operacionais, desestimula as empresas a permanecer no mercado. E, como observa Lucas (2018), a insegurança jurídica decorrente da ausência de planejamentos de longo prazo e da possibilidade de cancelamento unilateral de concessões pelo governo também dificulta o crescimento de longo prazo do setor ferroviário, visto que os projetos podem mudar de governo para governo, e também desestimula investimentos, haja vista que muitos projetos de grande porte têm retornos graduais no médio e longo prazo.

RECOMENDAÇÕES FINAIS

Com base no que foi apresentado ao longo da obra, é possível listar uma série de boas práticas na gestão de ferrovias do segmento das potenciais *shortlines* que também podem ser aplicadas nas principais concessões ferroviárias no país, tendo em vista a importância da sincronia desses dois tipos de ferrovias na integração de um sistema ferroviário:

» **Padronização de bitolas ferroviárias**: a padronização do uso da bitola de 1,60 m no Brasil, que vem sendo realizada lentamente com a construção dos novos corredores ferroviários, é essencial para construir uma rede integrada por todo o país, e para que diversas companhias realizem operações compartilhadas entre si com maior eficiência. Isso é válido tanto para concessionárias como para *shortlines*, tendo em vista a possibilidade de haver compartilhamento entre elas (como Rumo e VLI) como com eventuais *shortlines* que realizam operações síncronas (como a Ferroeste e Rumo, por exemplo). E, além da bitola, é importante mencionar que outras padronizações técnicas como gabarito e peso de material rodante também devem ser implementadas.

» **Mecanismos de compartilhamento de infraestrutura**: a presença de mecanismos mais eficientes de compartilhamento de infraestrutura — especialmente direito de passagem — é importante para realizar operações compartilhadas de forma mais eficiente entre companhias ferroviárias, independentemente de ser uma empresa principal ou *shortline*.

» **Contratos mais favoráveis**: a maioria dos contratos de concessão é pouco regida por normas operacionais, sendo determinados pelo tempo de operação independente do desempenho da concessionária. O contrato da FIOL, por exemplo, possui duração de 35 anos não renováveis. Dessa forma, mesmo que se cumpram todas as normas operacionais, ele não será renovado, oferecendo risco maior para o investidor que deseja permanecer no mercado a longo prazo.

» **Ampliação do uso do regime de autorizações**: no caso específico das *shortlines*, a proposta do PL n. 261 (BRASIL, 2018) contempla ampliar o uso do mecanismo de autorização para eventuais operadores enquadrados nessa categoria, já que possuem encargos menores e maior flexibilidade nas operações. Os principais itens a serem flexibilizados no modelo de autorização são o prazo indeterminado de operação, maior facilidade de entrada e saída do mercado, e liberdade de fixação de tarifas.

» **Mecanismo de transferência de linhas entre companhias ferroviárias**: além da ampliação do regime de autorização para eventuais *shortlines* no Brasil, também é necessária a formalização de uma maneira de permitir que as concessionárias transfiram os trechos que não sejam de seu interesse para eventuais novos operadores.

» **Criação de sistemas especiais para financiamento de *shortlines***: como observado nos casos dos Estados Unidos e do Canadá, o acesso ao crédito é um fator-chave para o desenvolvimento das *shortlines*.

- » **Criação de uma classificação de companhias ferroviárias por porte e caráter das operações**: a classificação das companhias ferroviárias no Brasil por receita, porte e natureza de operações é importante para determinar futuras flexibilizações trabalhistas e tributárias para as eventuais *shortlines*, nos moldes das ferrovias norte-americanas.

- » **Diversificação do perfil de transporte**: a busca por um perfil de transporte mais diversificado é importante, pois reduz riscos e incrementa o desempenho nos empreendimentos ferroviários, como pode ser observado na Ferrovia Tereza Cristina, cuja forte dependência do transporte de carvão representa um alto risco com a eventual desativação da usina Jorge Lacerda.

- » **Retomada do transporte de passageiros**: a implantação de trens de passageiros pode ser uma ferramenta importante para ampliar o impacto social das ferrovias e reduzir a resistência de comunidades locais à implantação de novas linhas férreas. Como exemplo, podemos citar a implantação de um serviço de passageiros nos moldes da Estrada de Ferro Vitória a Minas ou EFC na Ferrogrão e nos demais corredores citados neste livro.

- » **Planejamento de longo prazo**: o estabelecimento de um plano diretor de ferrovias é essencial para garantir estabilidade e continuidade nos projetos ferroviários e tornar o desenvolvimento do setor como um programa de Estado, e não de governo.

Em resumo, o desenvolvimento das ferrovias de grande porte no Brasil e o florescimento de *shortlines* é limitado por uma série de entraves de ordem regulatória. E, como já discutido anteriormente, o período da renovação das concessões representa uma janela de oportunidade para a implantação de novos mecanismos e imposição de contrapartidas com o intuito de criar um ambiente de negócios mais favorável no setor. Caso sejam implantadas, as propostas listadas certamente promoverão uma transformação no mercado com a redução das barreiras à entrada, redução de riscos, e criação de um ambiente mais favorável para as concessionárias e um arcabouço regulatório distinto para as *shortlines*. E terão como principal contribuição o reaproveitamento de parte da malha ferroviária ociosa, e uma expansão dos serviços de transporte para além da logística de *commodities* de exportação, com consequente redução de custos para diversos potenciais clientes das ferrovias no país.

Não realizamos um aprofundamento sobre detalhes da criação de um regime regulatório para eventuais *shortlines* no Brasil, como desonerações tributárias e flexibilizações trabalhistas para essa categoria. Embora tenhamos abordado a questão da retomada do transporte de passageiros como uma possibilidade para os novos corredores ferroviários de grande porte, não discutimos em profundidade a prestação do serviço — se será prestado pelo operador da ferrovia, como ocorre na EFC e E. F. Vitória a Minas, ou por uma nova estatal para o transporte de passageiros nos moldes da Amtrak nos Estados Unidos, por exemplo. Também não abordamos questões de mobilidade urbana que envolvem operadores como a Companhia Brasileira de Trens Urbanos (CBTU), que possui linhas metropolitanas em algumas capitais brasileiras. Esperamos que esta obra contribua para oportunidades futuras de pesquisa sobre esses temas, dentro do apaixonante campo de pesquisa que é o transporte ferroviário no Brasil.

Locomotivas EFJ 10 (à esquerda) e EFJ 11 (à direita) na oficina da Estrada de Ferro Jari em Munguba, no Pará, em novembro de 2013.
Foto: Socorro Araújo.

REFERÊNCIAS

ABPF — ASSOCIAÇÃO BRASILEIRA DE PRESERVAÇÃO FERROVIÁRIA. Disponível em: https://www.abpf.com.br/quem-somos/. Acessado em: 21 mar. 2021.

ANTT — AGÊNCIA NACIONAL DE TRANSPORTES TERRESTRES. **Declaração de Rede 2018**. Disponível em: https://portal.antt.gov.br/declaracao-de-rede-2018. Acessado em: 21 mar. 2021.

AGÊNCIA DE NOTÍCIAS DO PARANÁ. **Movimentação de cargas pela Ferroeste cresce 34%, com novo recorde**. 1 dez. 2020. Disponível em: http://www.aen.pr.gov.br/modules/noticias/article.php?storyid=109928&tit=Movimentacao-de-cargas-pela-Ferroeste-cresce-34-com-novo-recorde. Acessado em: 25 mar. 2021.

ALCOA. **Fact Sheet**, [20--]. Disponível em: https://www.alcoa.com/brasil/pt/pdf/brasil-juruti-fact-sheet.pdf. Acessado em: 23 mar. 2021.

ALCOA. Disponível em: http://vfco.brazilia.jor.br/ferrovias/Juruti/EFJurutiLocos.shtml. Acessado em: 23 mar. 2021.

ALLEN, W. B.; SUSSMAN, M.; MILLER, D. Regional and Short Line Railroads in the United States. **Transportation Quarterly**, Washington, DC, v. 56, n. 4, p. 77-113, Fall 2002.

ALVES, C. Prefeitos querem Sorriso e Lucas incluídos no traçado da Ferrogrão. **Circuito Mato Grosso**, 3 jan. 2017. Disponível em: http://circuitomt.com.br/editorias/economia/99916-prefeitos-querem-sorriso-e-lucas-incluados-no-traaado-da-ferrogra.html. Acessado em: 2 fev. 2021.

AMAPÁ EM PAZ. **EFA ano 60: O trem que se confunde com a história do Amapá**. 15 ago. 2015. Disponível em: http://amapaempaz.blogspot.com/2015/08/efa-ano-60-otrem-que-se-confunde-com.html. Acessado em: 22 mar. 2021.

ANPTRILHOS. **Novo Marco Legal de f de MG pode alavancar investimentos de até R$ 40 bilhões**. 14 dez. 2020. Disponível em: https://anptrilhos.org.br/novo-marco-legal-de-ferrovias-de-mg-pode-alavancar-investimentos-de-ate-r-40-bilhoes/. Acessado em: 10 fev. 2021.

ARAÚJO, P. de. Vale arremata trecho da Ferrovia Norte-Sul. **Folha de S. Paulo**, 4 out. 2007. Disponível em: https://www1.folha.uol.com.br/fsp/dinheiro/fi0410200718.htm. Acessado em: 26 jan. 2021.

ARMENTANO, D. A Critique of Neoclassical and Austrian Monopoly Theory. In: SPADARO, L. M. (ed.). **New Directions in Austrian Economics**. Kansas City: Sheed Andrrews and McMeel, 1978.

ASSOCIAÇÃO NACIONAL DOS TRANSPORTADORES FERROVIÁRIOS — ANTF. Disponível em: https://www.antf.org.br/mapa-ferroviario. Acessado em: 7 mai. 2021.

BARBOSA, F. C. Shortline Freight Rail System Review: North American Experiences and Brazilian Perspectives. In: JOINT RAIL

CONFERENCE, 2020, St. Louis. **Proceedings** [...]. St. Louis: ASME, 2020. 13 p.

BASTOS, J. P. Competição e monopólio: o mainstream e a Escola Austríaca. **Mises Journal**, São Paulo, v. 4, n. 2, p. 377-390, 2016. Disponível em: https://revistamises.org.br/misesjournal/article/view/137. Acessado em: 7 mai. 2021.

BENETTI, E. Ministro informa plano para manter o setor carbonífero em atividade em SC. **NSC Total**, 18 dez. 2020. Disponível em: https://www.nsctotal.com.br/colunistas/estela-benetti/ministro-informa-plano-para-manter-o-setor-carbonifero-em-atividade-em-sc. Acessado em: 26 mar. 2021.

BITZAN, J.; TOLLIVER, D.; BENSON, D. **Small Railroads: Investment Needs, Financial Options, and Public Benefits**. Upper Great Plains Transportation Institute. North Dakota State University, 2002.

BOWEN, G. Document Analysis as a Qualitative Research Method. **Qualitative Research Journal**, v. 9. p. 27-40, 2009.

BRASIL. **Balanço dos 4 anos do PAC (2007-2010)**. Brasília, DF, 2010. Disponível em: http://www.pac.gov.br/pub/up/relatorio/b701c4f108d61bf921012944fb273e36.pdf. Acessado em: 7 mai. 2021.

BRASIL. **Decreto n. 641**, de 26 de junho de 1852. 1852a.

BRASIL. **Decreto n. 987**, de 12 de junho de 1852. 1852b.

BRASIL. **Decreto n. 2.450**, de 24 de setembro de 1873.

BRASIL. **Decreto n. 2.502**, de 18 de fevereiro de 1998.

BRASIL. **Decreto n. 5.106**, de 5 de outubro de 1872.

BRASIL. **Decreto n. 6.040**, de 22 de mai. de 1906.

BRASIL. **Decreto n. 7.480**, de 29 de julho de 1909.

BRASIL. **Decreto n. 8.372**, de 7 de janeiro de 1882.

BRASIL. **Decreto n. 8.916**, de 25 de novembro de 2016. 2016a.

BRASIL. **Decreto n. 32.451**, de 20 de março de 1953.

BRASIL. **Decreto n. 96.913**, de 3 de outubro de 1988.

BRASIL. **Decreto-lei n. 2.698**, de 27 de dezembro de 1955.

BRASIL. **Decreto n. 8.129**, de 23 de outubro de 2013.

BRASIL. **Decreto Presidencial n. 8.875**, de 11 de outubro de 2016. 2016b.

BRASIL. **Estatística das estradas de ferro do Brasil relativa ao anno de 1940**. Rio de Janeiro: Imprensa Nacional, 1943.

BRASIL. **Lei n. 10.233**, de 5 de junho de 2001.

BRASIL. **Lei n. 1.221**, de 28 de novembro de 1910.

BRASIL. **Lei n. 11.297**, de 9 de mai. de 2006.

BRASIL. **Lei n. 11.772**, de 17 de setembro de 2008.

BRASIL. **Lei n. 13.448**, de 5 de junho de 2017a.

BRASIL. **Lei n. 13.452**, de 19 de junho de 2017b.

BRASIL. **Lei Orçamentária n. 2.050**, de 31 de dezembro de 1908.

BRASIL. **Resolução n. 2**, de 13 de setembro de 2016.

BRASIL. **Programa de Metas do presidente Juscelino Kubitschek**. Rio de Janeiro, 1958.

BRASIL. **Projeto de Lei do Senado n. 261**, de 2018.

BRASIL. GOVERNO FEDERAL DO BRASIL. **Programa de Investimento em Logística**. Disponível em: http://www.brasil.gov.br/infraestrutura/programa-de-investimento-em-logistica. Acessado em: 1º jun. 2018b.

BRASIL. Ministério dos Transportes. Ministério da Defesa. **Plano Nacional de Logística e Transportes**. Brasília, DF, 2007. Disponível em: http://www.transportes.gov.br/images/Relatorio_Executivo_2007.pdf. Acessado em: 7 mai. 2021.

BRASIL. Ministério dos Transportes. Secretaria de política nacional de transportes. **Projeto de Reavaliação de Estimativas e Metas do PNLT**. Brasília. Logit, 2012. 260 p. Disponível em: http://www.transportes.gov.br/images/2014/11/PNLT/2011.pdf. Acessado em: 25 abr. 2021.

BRASIL. Ministério do Planejamento. **Programa de Investimentos em Logística**. Brasília, DF, 2015. Disponível em: https://www.gov.br/economia/pt-br/centrais-de-conteudo/apresentacoes/planejamento/apresentacoes-2015/apresentacao-pil-1.pdf/view. Acessado em: 7 mai. 2021.

CAIRES, L. Campos do Jordão: epidemia de tuberculose deu origem à cidade sanatório que hoje é destino turístico. **Jornal da USP**, 11 mar. 2019. Disponível em: https://jornal.usp.br/ciencias/ciencias-humanas/campos-do-jordao-epidemia-de-tuberculose-deu-origem-a-cidade-sanatorio-que-hoje-e-destino-turistico. Acessado em: 22 mar. 2021.

CAMPOS DO JORDÃO. Disponível em: https://www.camposdojordao.com/a-cidade/como-chegar/. Acessado em: 22 mar. 2021.

CAMPOS Jr., R. Trem do Pantanal fracassa seis anos depois e empresa suspende passeio. **Campo Grande News**, 15 abr. 2015. Disponível em: https://www.campograndenews.com.br/cidades/trem-do-pantanal-fracassa-seis-anos-depois-e-empresa-suspende-passeio. Acessado em: 12 abr. 2021.

CMBEU — COMISSÃO MISTA BRASIL-ESTADOS UNIDOS PARA O DESENVOLVIMENTO ECONÔMICO. **Relatório Geral**. Rio de Janeiro, 1954.

CARVALHO, E.; PARANAÍBA, A. **Transportar é preciso!**: Uma proposta liberal. São Paulo: Editora LVM, 2019.

CARVALHO, E.; PARANAÍBA, A. **Transportes & Liberalismo**. São Paulo: Editora LVM, 2016.

CATRACA LIVRE. **Trem Republicano é inaugurado em São Paulo**. 23 dez. 2020. Disponível em: https://catracalivre.com.br/viagem-livre/trem-republicano-e-inaugurado-em-são-paulo. Acessado em: 10 abr. 2021.

COMISSÃO Mista Brasil-Estados Unidos para o Desenvolvimento Econômico. **Relatório Geral**. Rio de Janeiro, 1954.

CENTRO-OESTE. ANTT: **Declaração de Rede 2015**: Pátios ferroviários da Ferroeste. 2015. Disponível em: http://vfco.brazilia.jor.br/estacoes-ferroviarias/ANTT-Rede/2015-Ferroeste.shtml. Acessado em: 25 mar. 2021.

CENTRO-OESTE. **Estrada de Ferro do Corcovado**: Reconstrução: 1972-1979. [20—a]. Disponível em: http://vfco.brazilia.jor.br/Trem-Turistico/Estrada-Ferro-Corcovado/1972-1979-reconstrucao.shtml. Acessado em: 25 mar. 2021.

CENTRO-OESTE. **Mineração Rio Norte**: Estrada de Ferro Trombetas. [20--]. Disponível em: http://vfco.brazilia.jor.br/ferrovias/eftMRN/eft.shtml. Acessado em: 26 abr. 2021.

CENTRO-OESTE. **Projeto Jari**: Estrada de Ferro Jari. 2002. Disponível em: http://vfco.brazilia.jor.br/ferrovias/Jari/Estrada-Ferro-Jari.shtml?q=ferrovias/Jari/efjari.htm. Acessado em: 23 mar. 2021.

CENTRO-OESTE. **RFFSA: Ferrovias, divisões e regionais**. 1993. Disponível em: http://vfco.brazilia.jor.br/RFFSA/RFFSA-ferrovias-divisoes-regionais.shtml. Acessado em: 26 mar. 2021.

CLIC RBS. **Giordani Turismo comemora 18 anos de história**. 1 dez. 2010. Disponível em: http://wp.clicrbs.com.br/bentogoncalves/2010/12/01/giordani-turismo-comemora-18-anos-de-historia/#:~:text=Fundada%20em%2017%20novembro%20de,Gon%C3%A7alves%20%E2%80%93%20Garibaldi%20%E2%80%93%20Carlos%20Barbosa.&text=Ap%C3%B3s%2C%20reuniram%2Dse%20para%20um,tamb%C3%A9m%20aproximadamente%20100%20empregos%20indiretos. Acessado em: 26 mar. 2021.

CNI — CONFEDERAÇÃO NACIONAL DO TRANSPORTE. **O Sistema Ferroviário Brasileiro.** Brasília, DF, 2013. Disponível em: https://cnt.org.br/sistema-ferroviario-brasileiro. Acessado em: 7 mai. 2021.

CNI — CONFEDERAÇÃO NACIONAL DA INDÚSTRIA. **Transporte ferroviário**: Colocando a competitividade nos trilhos. Brasília, DF, 2018. Disponível em: https://static.portaldaindustria.com.br/media/filer_public/ab/86/ab862277-4ede-4879-a618-834bd8c763f8/transporte_ferroviario_web.pdf. Acessado em: 7 mai. 2021.

CONSUMIDOR RS. **Giordani Turismo adquire primeiro modelo VLT (Veículo Leve sobre Trilhos) produzido pela Marcopolo.** 16 dez. 2020. Disponível em: http://www.consumidor-rs.com.br/2013/inicial.php?case=2&idnot=60604. Acessado em: 26 mar. 2021.

DAYCHOUM, M. T. **Regulação e concorrência no transporte ferroviário**: Um estudo das experiências brasileira e alemã. Monografia (Graduação em Direito) — Fundação Getúlio Vargas, Rio de Janeiro, 2013.

DAYCHOUM, M. T.; SAMPAIO, P. **Regulação e concorrência no setor ferroviário.** São Paulo: Lumen Juris, 2017.

DAYCHOUM, M. T.; SAMPAIO, P. **Risco e retorno nas concessões de ferrovias no Brasil.** Working paper, 2015.

DEFESA. **Ferroeste fecha 2020 com lucro e movimentação recordes.** 11 fev. 2021. Disponível em: https://defesa.com.br/ferroeste-fecha-2020-comlucro-e-movimentacao-recordes/. Acessado em: 25 mar. 2021.

DEMSETZ, H. Information and Efficiency: Another viewpoint. **Journal of Law and Economics**, v. 12, p. 1-22, 1969.

DIÁRIO DO AMAPÁ. **Estada de ferro**. 1 jul. 2017a. Disponível em: https://www.diariodoamapa.com.br/cadernos/turismo/estrada-de-ferro. Acessado em: 22 mar. 2021.

DIÁRIO DO AMAPÁ. **Icomi 5 - Estrada de Ferro do Amapá** - de 1954 a 2003 (I). 27 mai. 2017b. Disponível em: https://www.diariodoamapa.com.br/cadernos/artigos/icomi-5-estrada-de-ferro-do-amapa-de-1954-a-2003-i. Acessado em: 22 mar. 2021.

DIÁRIO DO TRANSPORTE. **Centro de Memória Ferroviária de Campos do Jordão completa um ano neste 30 de dezembro**. 25 dez. 2017. Disponível em: https://diariodotransporte.com.br/2017/12/25/centro-de-memoria-ferroviaria-de-campos-do-jordao-completa-um-ano-neste-30-de-dezembro. Acessado em: 23 mar. 2021.

DILORENZO, T. J. The Myth of Natural Monopoly. **The Review of Austrian Economics**, v. 9, 1996.

DILORENZO, T. J. The origins of antitrust: An interest-group perspective, **International Review of Law and Economics**, v. 5, n. 1, p. 73-90, 1985. Disponível em: https://www.sciencedirect.com/science/article/pii/0144818885900195. Acessado em: 14 jul. 2021.

DURÇO, F. F. **A regulação do setor ferroviário brasileiro**: Monopólio natural, concorrência e risco moral. Fundação Getulio Vargas, São Paulo, 2011.

DURÇO, F. F. **A regulação do setor ferroviário brasileiro**. Belo Horizonte: Arraes Editores, 2015.

E. F. BRASIL. **Estrada de Ferro Jari**. 15 set. 2002. Disponível em: http://www.pell.portland.or.us/~efbrazil/efj.html. Acessado em: 23 mar. 2021.

EDMUNDSON, W. **A Gretoeste: história da rede ferroviária Great Western of Brazil**. Belo Horizonte: Editora Ideia, 2016.

EFCJ — ESTRADA DE FERRO CAMPOS DO JORDÃO. [20—a]. Disponível em: http://www.efcj.sp.gov.br. Acessado em: 22 mar. 2021.

EFCJ — ESTRADA DE FERRO CAMPOS DO JORDÃO. Parque Reino das Águas Claras [20—b]. Disponível em: http://www.efcj.sp.gov.br/Home/ParqueReinoAguasClaras. Acessado em: 23 mar. 2021.

ENGEPLUS. **Reunião com ministro de Minas e Energia vai discutir futuro do Complexo Termoelétrico Jorge Lacerda**. 7 dez. 2020. Disponível em: http://www.engeplus.com.br/noticia/geral/2020/reuniao-com-ministro-de-minas-e-energia-vai-discutir-futuro-do-complexo-termoeletrico-jorge-lacerda. Acessado em: 26 mar. 2021.

ESTAÇÕES FERROVIÁRIAS. [20--]. Disponível em: http://www.estacoesferroviarias.com.br/eftc/indice.htm. Acessado em: 26 mar. 2021.

ESTRADAS DE FERRO. **Estradas de Ferro Corcovado**. [20--]. Disponível em: http://estradas-ferro.blogspot.com/p/estrada-de-ferro-corcovado.html. Acessado em: 24 mar. 2021.

FAR RAIL. **Ferrovia Dona Tereza Cristina**. 16 jul. 2013. Disponível em: https://www.farrail.com/pages/touren-engl/Brasil-Dona-Teresa-Cristina-2013-07.php. Acessado em: 26 mar. 2021.

FEDERAL RAILROAD ADMINISTRATION. **Summary of Class II and Class III Railroad Capital Needs and Funding Sources**. Washington, DC, 2014. Disponível em: https://railroads.dot.gov/elibrary/fra-summary-class-ii-and-class-iii-railroad-capital-needs-and-funding-sources. Acessado em: 7 mai. 2021.

FERREOCLUBE. **E.F. Perus Pirapora**. 29 jun. 2016. Disponível em: http://www.ferreoclube.com.br/2016/06/29/e-f-perus-pirapora. Acessado em: 25 mar. 2021.

FERROESTE. [20--]. Disponível em: http://www.ferroeste.pr.gov.br/Pagina/empresa. Acessado em: 25 mar. 2021.

GERODETTI J. E.; CORNEJO, C. **As ferrovias do Brasil nos cartões postais e álbuns de lembranças**. São Paulo: Editora Solaris, 2005.

GFPF — GRUPO FLUMINENSE DE PRESERVAÇÃO FERROVIÁRIA. **Nota Técnica NT2020/805**. 5 ago. 2020. Disponível em: http://www.ferrovias.com.br/portal/wp-content/uploads/2020/08/Nota-T%C3%A9cnica-GFPF-Short-Lines-agosto-2020.pdf. Acessado em: 21 mar. 2021.

GORNI, A. A. **A eletrificação das ferrovias brasileiras**. Santos, 2003.

GOUVEIA, J. **Pátio da Norte-Sul em Araguaína recebe últimos trilhos**. Governo do Tocantins: Gestão Municipalista, 23 abr. 2007. Disponível em: https://secom.to.gov.br/noticias/patio-da-norte-sul-em-araguaina-recebe-ultimos-trilhos-12708. Acessado em: 26 jan. 2021.

GRIMM, C. M.; SAPIENZA, H. J. Determinants of Shortline Railroad Performance. **Transportation Journal**, v. 32, n. 3, p. 5-13, 1993.

GUIMARÃES, F. M. V. Da constitucionalidade da prorrogação antecipada das concessões de serviço público. **Revista de Direito Administrativo**, v. 279, 2020.

HAYEK, F. A. **The meaning of competition**, 1948 (artigo).

INSTITUTO SOCIOAMBIENTAL. **Governo se compromete a consultar povos indígenas impactados pela Ferrogrão**. 19 dez. 2017. Disponível em: https://www.socioambiental.org/pt-br/blog/blog-do-xingu/governo-se-compromete-a-consultar-povos-indigenas-impactados-pela-ferrograo. Acessado em: 3 fev. 2021.

INSTITUTO SOCIOAMBIENTAL. **Indígenas denunciam impactos da Ferrogrão aos seus possíveis investidores**. 19 mar. 2018. Disponível em: https://www.socioambiental.org/pt-br/blog/blog-do-xingu/indigenas-denunciam-impactos-da-ferrogra-o-aos-seus-possiveis-investidores. Acessado em: 3 fev. 2021.

ISTOÉ DINHEIRO. **Conselho do PPI aprova privatização da Ferroeste**. 25 jun. 2020. Disponível em: https://www.istoedinheiro.com.br/conselho-do-ppi-aprova-privatizacao-da-ferroeste. Acessado em: 25 mar. 2021.

JERONYMO, V. Companhia Melhoramentos de São Paulo e Companhia Brasileira de Cimento Portland Perus: fragmentos de matérias e memórias. **Revista Restauro**, n. 1, 2017. Disponível em: https://web.revistarestauro.com.br/companhia-melhoramentos-de-sao-paulo-e-companhia-brasileira-de-cimento--portland-perus-fragmentos-de-materias-e-memorias/?print=print. Acessado em: 22 mar. 2021.

LISBOA, V. Ferrovia do Corcovado comemora 135 anos com quarta geração de trens. **Agência Brasil**, 9 out. 2019. Disponível em: https://agenciabrasil.ebc.com.br/geral/noticia/2019-10/ferrovia-do-corcovado-comemora-135-anos-com-quarta-geracao-de-trens. Acessado em: 25 mar. 2021.

LISSARDY, G. A polêmica ferrovia que a China quer construir na América do Sul. **BBC Brasil**, 19 mai. 2015. Disponível em: https://www.bbc.com/portuguese/noticias/2015/05/150518_ferrovia_transoceanica_construcao_lgb. Acessado em: 26 jan. 2021.

LLORENS, J.; RICHARDSON, J. A.; BURAS, M. B. **Economic Impact Analysis of Short Line Railroads** (No. FHWA/LA. 14/527), 2014.

LUCAS, F. A. M. L. **Os gargalos logísticos do escoamento de soja em Mato Grosso e a o projeto da "Ferrogrão"como potencial solução**. Trabalho de Conclusão de Curso; (Graduação em CGAP — Curso de Administração Pública) — Fundação Getulio Vargas, São Paulo, 2018.

MELO, L. Por dentro da VLI, empresa de logística criada pela Vale. **Exame**, 16 jun. 2015. Disponível em: https://exame.com/negocios/por-dentro-da-oficina-onde-a-vli-poe-seus-trens-nos-trilhos. Acessado em: 26 jan. 2021.

MENEZES, L. F. S. **A atuação da Engenharia Militar na malha ferroviária**: A participação do 2º Batalhão Ferroviário na construção da Ferrovia da Soja (Monografia de conclusão de curso). Academia Militar das Agulhas Negras — Resende, 2019.

MIGUEL, P.; REIS, M. Panorama do transporte ferroviário no Brasil. **Revista Mundo Logística**, São Paulo, jul. 2015.

MINISTÉRIO DOS TRANSPORTES. **Estrada de Ferro Jari — EFJ**. 2002. Disponível em: https://web.archive.org/

web/20080313050839/http://www.transportes.gov.br/bit/ferro/efj-jari/inf-efj.htm. Acessado em: 23 mar. 2021.

MISES, L. **Ação humana: um tratado de economia**. 3. ed. Rio de Janeiro: Instituto Liberal, 1990.

MONTANHAS CAPIXABAS. 2018. Disponível em: https://www.montanhascapixabas.com.br/site/index.php/pt-br/turismo/3760-reuniao-para-retorno-do-trem-de-turismo-nas-montanhas-do-estado. Acessado em: 13 abr. 2021.

NUNES, I. **Douradense: a agonia de uma ferrovi**a. 2002. Dissertação (Mestrado em Economia) — Universidade Estadual Paulista "Júlio de Mesquita Filho", Araraquara, 2002.

NUNES, I. Expansão e crise das ferrovias brasileiras nas primeiras décadas do século XX. **América Latina en la Historia Económica Revista de Investigación**, São Paulo, v. 23, n. 3, p. 204-235, dez. 2016.

NUNES, I. **Integração Ferroviária Sul-Americana**: Por que não anda esse trem? 2008. Tese (Doutorado em Integração da América Latina) — Integração da América Latina, Universidade de São Paulo, São Paulo, 2008.

OECD — ORGANIZAÇÃO PARA A COOPERAÇÃO E DESENVOLVIMENTO ECONÔMICO. **2013 Recent Developments in Rail Transportation Services**. 296p. Disponível em: http://www.oecd.org/daf/competition/Rail-transportation-Services-2013.pdf. Acessado em: 7 mai. 2021.

PARANÁ. **Lei n. 9.892**, de 31 de dezembro de 1991.

O PARANÁ. **Ferroeste transporta 143% a mais e projeta superávit em 2016**. 15 fev. 2016. Disponível em: https://oparana.com.br/noticia/ferroeste-transporta-143-a-mais-e-projeta-superavit-em-2016. Acessado em: 25 mar. 2021.

PARQUE CAPIVARI. 2020. Disponível em: https://parquecapivari.com.br/quem-somos. Acessado em: 23 mar. 2021.

PAULA, D. A. **Fim de linha: A extinção de ramais da Estrada de Ferro Leopoldina, 1955-1974**. 2000. Tese (Doutorado em História) — Universidade Federal Fluminense, Niterói, 2000.

PEDRA AZUL DO ARACÊ. **Trem das montanhas**. 2010. Disponível em: http://pedraazuldoarace.com.br/index.php/trem-das-montanhas. Acessado em: 10 abr. 2021.

PERETTO, J. Ferroeste aumenta em 35,1% volume de cargas transportadas em 2016. **Cotidiano**, 2 jan. 2017. Disponível em: https://web.archive.org/web/20170102173512/http://cgn.uol.com.br/noticia/207161/ferroeste-aumenta-em-351-volume-de-cargas-transportadas-em-2016. Acessado em: 25 mar. 2021.

PINDYCK, R.; RUBINFELD, D. L. **Microeconomia**. São Paulo: Pearson, 2002.

PINHEIRO, A. C.; RIBEIRO, L. C. **Regulação das ferrovias**. São Paulo: FGV, 2017.

PLANT PROJECT. **O maquinista da ferrogrão**. 7 jan. 2019. Disponível em: http://plantproject.com.br/novo/2019/01/agribusiness-guilherme-quintella-o-maquinista-da-ferrograo. Acessado em: 2 fev. 2021.

PORTELA, M. Dívida de R$ 22 milhões leva Ferropar à falência. **Gazeta do Povo**, 16 dez. 2006. Disponível em: https://www.gazetadopovo.com.br/economia/divida-de-r-22-milhoes-leva-ferropar-a-falencia-aaz7jsjer3o3b6z20cuty8l72. Acessado em: 25 mar. 2021.

PRATER, M.; NEIL, D.; SPARGER, A. **Railroad Concentration, Market Shares, and Rates**. Agricultural Marketing Service, 10.9752/TS094.02-2014, 2014.

RAILWAY ASSOCIATION OF CANADA. **Review of Canadian Shortline Funding Needs and Opportunities**. Disponível em: https://tc.canada.ca/sites/default/files/migrated/appendix_e___canadian_shortline_rail_funding_needs_and_opportunties.pdf. Acessado em: 20 mar. 2021.

R7. **Dilma inaugura ferrovia em GO e diz que obra "coloca o litoral" no Estado**. 22 mai. 2014. Disponível em: https://noticias.r7.com/brasil/dilma-inaugura-ferrovia-em-go-e-diz-que-obra-coloca-o-litoral-no-estado-22052014. Acessado em: 26 jan. 2021.

REVISTA FERROVIÁRIA. **Mina de ferro no Amapá deve voltar a operar em 2021**. 3 set. 2019. Disponível em: https://revistaferroviaria.com.br/2019/09/mina-de-ferro-no-amapa-deve-voltar-a-operar-em-2021. Acessado em: 22 mar. 2021.

RODRIGUEZ, H. S. **A formação das estradas de ferro no Rio de Janeiro**: O resgate de sua memória. Rio de Janeiro: Memória do Trem, 2004.

ROTHBARD, M. Man. **Economy and the State**. 2. ed. Ludwig von Mises Institute, 2004.

SAMUELSON, P. A. **Economics**, v. 461, 6th rev., 1964.

SANTOS, S. dos. **Transporte ferroviário: história e técnicas**. São Paulo: Cengage Learning, 2012.

STIGLER, G. J. The Theory of Economic Regulation. **The Bell Journal of Economics and Management Science**, v. 2, n. 1, 1971.

TAKASAKI, E. A. **O novo modelo brasileiro de exploração ferroviária**. 2014. 127 f. Dissertação (Mestrado em Economia do Setor Público) — Departamento de Economia, Universidade de Brasília, Brasília, DF, 2014.

TELLES, P. C. da S. **História da Engenharia no Brasil**. Rio de Janeiro: Clube de Engenharia, 1984.

TOLEDO, M. Há mais de 40 anos, associação faz renascer locomotivas em SP. **Folha de S. Paulo**, 30 dez. 2019. Disponível em: https://www1.folha.uol.com.br/cotidiano/2019/12/ha-mais-de-40-anos-associacao-faz-renascer-locomotivas-em-sp.shtml. Acessado em: 22 mar. 2021.

UNION INTERNATIONALE DES CHEMINS DE FER — UIC. Disponível em: https://uic.org/support-activities/statistics. Acessado em: 22 mar. 2021.

UOL. **Governo não consulta indígenas, e MPF se diz contra ferrovia entre MT e PA**. 20 out. 2020. Disponível em: https://economia.uol.com.br/noticias/redacao/2020/10/20/governo-nao-consulta-indigenas-e-mpf-se-diz-contra-ferrovia-entre-mt-e-pa.htm. Acessado em: 4 fev. 2021.

VALOR ECONÔMICO. **Bamin é a única interessada e arremata ferrovia Fiol com lance mínimo**. 8 abr. 2021. Disponível em: https://valor.globo.com/empresas/noticia/2021/04/08/leilao-da-fiol-hoje-deve-ter-bamin-como-unica-proponente.ghtml. Acessado em: 8 abr. 2021.

VALOR ECONÔMICO. **Governo põe até R$ 2,2 bi na Ferrogrão para reduzir risco**. 8 dez. 2020. Disponível em: https://valor.globo.com/brasil/noticia/2020/12/08/governo-poe-ate-r--22-bi-na-ferrograo-para-reduzir-risco.ghtml. Acessado em: 4 fev. 2021.

VAN DE VELDE, D. et al. **EVES-Rail: Economic Effects of Vertical Separation in the Railway Sector**. Full Technical Report to Community of European Railway and Infrastructure Companies, Amsterdam, 2012.

WANDERLEY, Mauricio Ferreira. **Shortlines: características e necessidades regulatórias para a viabilização de trechos e ramais ferroviários abandonados ou considerados de baixa demanda no Brasil**. Brasília, DF, Instituto Serzedello Corrêa, 2019. Disponível em: https://repositorio.enap.gov.br/bitstream/1/4179/1/Maur%C3%ADcio%20Ferreira%20Wanderley.pdf. Acessado em: 7 mai. 2021.

WIKIPÉDIA. **Railroad Classes**. Disponível em: https://en.wikipedia.org/wiki/Railroad_classes#cite_note-2. Acessado em: 7 mai. 2021.

WORLD BANK. **Railway Reform**: Toolkit for improving rail sector performance. Washington, DC:, 2011. Disponível em: http://www.ppiaf.org/sites/ppiaf.org/files/documents/toolkits/railways_toolkit/index.html. Acessado em: 7 mai. 2021.

WEB ARCHIVE. **História**. 2007. Disponível em: https://web.archive.org/web/20090415194348/http://www.jari.com.br/web/pt/perfil/historia.htm. Acessado em: 23 mar. 2021.

MAYCON CORAZZA. **Ferroeste tem aumento de 26% na movimentação de cargas**. 2 fev. 2015a. Disponível em: https://web.archive.org/web/20150202185634/http://cgn.uol.com.br/noticia/122304/ferroeste-tem-aumento-de-26-na-movimentacao-de-cargas. Acessado em: 25 mar. 2021.

MAYCON CORAZZA. **Governador faz entrega de locomotivas e vagões**. 11 dez. 2015b. Disponível em: https://web.archive.org/web/20151222140020/http://cgn.uol.com.br/noticia/158653/governador-faz-entrega-de-locomotivas-e-vagoes. Acessado em: 25 mar. 2021.

ALGOMA CENTRAL RAILWAY. Disponível em: http://www.agawatrain.com. Acessado em: 23 fev. 2021.

AMERICAN SHORTLINE AND REGIONAL RAILROAD ASSOCIATION. Disponível em: https://www.aslrra.org/web/About/Short_Line_Definitions.aspx. Acessado em: 23 fev. 2021.

ASSOCIAÇÃO BRASILEIRA DA INDÚSTRIA FERROVIÁRIA. Disponível em: https://abifer.org.br/rosana-valle-pede-ao-presidente-bolsonaro-reativacao-do-ramal-ferroviario-cajati-santos. Acessado em: 14 abr. 2021.

CANADA ASSOCIATION OF RAILWAY SUPPLIERS. Disponível em: https://railwaysuppliers.ca/english/industry/industry-information.html/industry-statistics. Acessado em: 23 fev. 2021.

CANADIAN SAILINGS. Disponível em: https://canadiansailings.ca/many-canadian-communities-depend-on-short-line-railways. Acessado em: 23 fev. 2021.

CASA CIVIL. Disponível em: https://casacivil.to.gov.br/noticia/2010/3/17/lula-e-gaguim-inauguram-mais-um-trecho-da-ferrovia-norte-sul. Acessado em: 20 set. 2020.

CENTRO-OESTE. **Estrada de Ferro Amapá**. Disponível em: http://vfco.brazilia.jor.br/ferrovias/mapas/1984EFAmapa.shtml. Acessado em: 2 abr. 2021.

CENTRO-OESTE. **Estrada de Ferro Trombetas**. Disponível em: http://vfco.brazilia.jor.br/ferrovias/eftMRN/eft.shtml. Acessado em: 2 abr. 2021.

CENTRO-OESTE. **Ferrovia Tereza Cristina**. Disponível em: http://vfco.brazilia.jor.br/RFFSA/regionais/1991-ferrovia-RFFSA-mapa-trilhos-SR-09-Tubarao.shtml. Acessado em: 2 abr. 2021.

EFB — ESTRADA DE FERRO BRASIL. **A Eletrificação nas Ferrovias Brasileiras**: Estrada de Ferro Campos de Jordão. 26 jun. 2002. Disponível em: http://www.pell.portland.or.us/~efbrazil/electro/efcj.html. Acessado em: 1º abr. 2021.

EFB — ESTRADA DE FERRO BRASIL. Disponível em: http://www.pell.portland.or.us/~efbrazil/electro/efc.html. Acessado em: 24 mar. 2021.

ENGEPLUS. Disponível em: http://www.estacoesferroviarias.com.br/eftc/ararangua.htm. Acessado em: 26 mar. 2021.

ENGEPLUS. Disponível em: http://www.estacoesferroviarias.com.br/eftc/urussanga.htm. Acessado em: 26 mar. 2021.

ENGEPLUS. Disponível em: http://www.estacoesferroviarias.com.br/eftc/lauro.htm. Acessado em: 26 mar. 2021.

ENGEPLUS. Disponível em: http://www.estacoesferroviarias.com.br/eftc/pinheirinho.htm. Acessado em: 24 mar. 2021.

ENGEPLUS. Disponível em: http://www.estacoesferroviarias.com.br/a/anhumas-nov.htm. Acessado em: 22 mar. 2021.

ENGEPLUS. Disponível em: http://www.estacoesferroviarias.com.br/trens_rs/bentogonc.htm. Acessado em: 26 mar. 2021.

ENGEPLUS. Disponível em: http://www.estacoesferroviarias.com.br/ma-pi/brasileira.htm. Acessado em: 12 abr. 2021.

ENGEPLUS. Disponível em: http://www.estacoesferroviarias.com.br/c/cajati.htm. Acessado em: 14 abr. 2021.

ESTADÃO. Disponível em: https://www.estadao.com.br/infograficos/economia,trilhos-contra-a-crise,1112891. Acessado em: 9 fev. 2021.

FTC — FERROVIA TEREZA CRISTINA. Disponível em: http://ftc.com.br/a-empresa/historia. Acessado em: 26 mar. 2021.

FTC — FERROVIA TEREZA CRISTINA. Disponível em: http://ftc.com.br/a-empresa/historia/o-prolongamento-da-ferrovia-a-constru%C3%A7%C3%A3o-dos-ramais. Acessado em: 26 mar. 2021.

FTC — FERROVIA TEREZA CRISTINA. Disponível em: http://ftc.com.br/a-empresa/historia/a-ferrovia-e-integrada-a-rede-ferroviaria-federal. Acessado em: 26 mar. 2021.

FTC — FERROVIA TEREZA CRISTINA. Disponível em: http://ftc.com.br/a-empresa/historia/privatizacao. Acessado em: 26 mar. 2021.

FTC — FERROVIA TEREZA CRISTINA. Disponível em: http://ftc.com.br/noticias/ftc-inicia-transporte-de-conteineres. Acessado em: 26 mar. 2021.

FTC — FERROVIA TEREZA CRISTINA. Disponível em: http://ftc.com.br/noticias/ha-22-anos-a-ferrovia-gera-resultados-na-economia-catarinense. Acessado em: 26 mar. 2021.

G1. Disponível em: https://g1.globo.com/ap/amapa/noticia/2018/10/06/sem-uso-estacao-e-ferrovia-de-194-km-no-amapa-sao-alvos-de-saques-e-invasoes-ha-cinco-anos.ghtml. Acessado em: 22 mar. 2021.

G1. Disponível em: http://g1.globo.com/sp/vale-do-paraiba-regiao/noticia/2012/11/acidente-com-bondinho-de-campos-do-jordao-repete-tragedia-de-1959.html. Acessado em: 24 mar. 2021.

G1. Disponível em: https://g1.globo.com/sp/santos-regiao/noticia/2018/08/17/ mpf-diz-que-empresa-saqueou-trilhos-em-sp-prejuizo-e-de-r-160-mi.ghtml. Acessado em: 14 abr. 2021.

G1. Disponível em: https://g1.globo.com/economia/noticia/2019/03/26/ tcu-nega-pedido-de-suspensao-do-leilao-da-ferrovia-norte-sul.ghtml. Acessado em: 26 jan. 2021a.

G1. Disponível em: http://g1.globo.com/bahia/noticia/2015/03/mais-de-mil-sao-demitidos-em-obras-da-ferrovia-oeste-leste-diz-sindicato.html. Acessado em: 26 jan. 2021a.

G1. Disponível em: https://g1.globo.com/bahia/noticia/ com-obras-da-fiol-paradas-desde-2015-no-sudoeste-da-ba-extracao-de-minerio-de-ferro-nao-pode-ser-iniciada-na-regiao.ghtml. Acessado em: 26 jan. 2021.

G1. Disponível em: https://g1.globo.com/bahia/noticia/ seis-anos-apos-inicio-obras-de-construcao-da-fiol-no-oeste-da-ba-nao-chegam-a-30-do-previsto.ghtml. Acessado em: 26 jan. 2021.

G1. Disponível em: http://www.cbpm.ba.gov.br/leilao-da-fiol-so-sera-realizado-no-2o-semestre-de-2018. Acessado em: 26 jan. 2021.

G1. Disponível em: http://www.cbpm.ba.gov.br /leilao-da-fiol-so-sera-realizado-no-2o-semestre-de-2018. Acessado em: 26 jan. 2021.

G1. Disponível em: https://g1.globo.com/economia/noticia/2020/12/15/ antt-aprova-edital-de-concessao-da-ferrovia-oeste-leste-com-previsao-de-leilao-em-abril.ghtml. Acessado em: 27 jan. 2021a.

G1. Disponível em: https://g1.globo.com/economia/noticia/2020/12/16/ vale-assume-r-247-bilhoes-em-compromissos-ate-2057-para-renovar-concessoes-ferroviarias.ghtml. Acessado em: 26 jan. 2021.

G1. Disponível em: https://g1.globo.com/natureza/amazonia/noticia/2021/07/11 /ferrograo-entenda-sobre-o-projeto-de-ferrovia-que-promete-impulsionar-o-escoamento-de-graos-pelo-norte-mas-enfrenta-impasse-legal.ghtml. Acessado em: 9 ago. 2021.

GRUPO CULTIVAR. Disponível em: https://www.grupocultivar.com.br/noticias/aprosoja-apoia-ferrograo-ate-lucas-do-rio-verde-mt. Acessado em: 2 fev. 2021.

HUDSON BAY RAILWAY. Disponível em: http://arcticgateway.com/the-gateway. Acessado em: 23 fev. 2021.

INTERNATIONAL RAIL JOURNAL. Disponível em: https://www.railjournal.com/in_depth/americas-short-lines-play-the-long-game. Acessado em: 23 fev. 2021.

LIGHT. Disponível em: http://ri.light.com.br/a-companhia/historico-e-perfil-corporativo/#:~:text=Ipanema%20e%20Leblon.-,1904,30%20de%20Mai.%20de%201905. Acessado em: 27 mar. 2021.

LOCOFER. Disponível em: http://www.locofer.com.br/institucional. Acessado em: 26 mar. 2021.

MINISTÉRIO DA INFRAESTRUTURA. Disponível em: http://antigo.infraestrutura.gov.br/ultimas-noticias/8149-lance-m%C3%ADnimo-do-leil%C3%A3o-da-norte-sul-%C3%A9-de-r$-1,353-bilh%C3%A3o.html. Acessado em: 27 abr. 2021.

MINISTÉRIO DA INFRAESTRUTURA. Disponível em: https://www.poder360.com.br/economia/criticas-a-ferrograo-crescem-no-mato-grosso-governo-ve-lobby-contrario. Acessado em: 28 abr. 2021.

O GLOBO. Disponível em: https://g1.globo.com/economia/noticia/2019/03/28/rumo-vence-leilao-de-trecho-da-ferrovia-norte-sul.ghtml. Acessado em: 12 out. 2020.

O GLOBO. Disponível em: https://oglobo.globo.com/economia/procurador-do-tcu-pede-para-bolsonaro-rever-leilao-da-ferrovia-norte-sul-diz-que-edital-favorece-vale-23506093. Acessado em: 24 jan. 2021.

ONTARIO NORTHLAND RAILWAY. Disponível em: https://www.ontarionorthland.ca/en. Acessado em: 23 fev. 2021.

PORTOGENTE. Disponível em: https://portogente.com.br/noticias/transporte-logistica/87822-short-lines-para-aumentar-presenca-das-ferrovias-na-matriz-modal-do-pais. Acessado em: 1º mar. 2021.

REVISTA FERROVIÁRIA. Disponível em: https://revistaferroviaria.com.br/2019/08/novos-investidores-preveem-recuperar-mina-ferrovia-e-porto-de-mineradora-no-ap-ate-2021. Acessado em: 22 mar. 2021.

REVISTA FERROVIÁRIA. Disponível em: https://revistaferroviaria.com.br/2019/08/novos-investidores-preveem-recuperar-mina-ferrovia-e-porto-de-mineradora-no-ap-ate-2021. Acessado em: 22 mar. 2021.

REVISTA FERROVIÁRIA. Disponível em: https://revistaferroviaria.com.br/2019/09/mina-de-ferro-no-amapa-deve-voltar-a-operar-em-2021. Acessado em: 22 mar. 2021.

SURFACE TRANSPORTATION BOARD. Disponível em: https://prod.stb.gov/reports-data/economic-data/#:~:text=Cost%20of%20Capital-,Revenue%20Adequacy,the%20carrier's%20annual%20operating%20revenues. Acessado em: 20 fev. 2021.

TRANSFERRO. Disponível em: http://www.transferro.com.br/institucional/a-empresa. Acessado em: 26 mar. 2021.

TRANSPORT CANADA. Disponível em: https://tc.canada.ca/en/corporate-services/policies/railway-association-canada. Acessado em: 22 fev. 2021.

TRANSPORT CANADA. Disponível em: https://tc.canada.ca/en/corporate-services/policies/rail-transportation. Acessado em: 23 fev. 2021.

TRANSPORT CANADA. Disponível em: https://tc.canada.ca/sites/default/files/migrated/appendix_e___canadian_shortline_rail_funding_needs_and_opportunties.pdf. Acessado em: 18 mar. 2021.

VALEC. Disponível em: https://www.valec.gov.br/ferrovias/ferrovia-norte-sul/trechos/barcarena-pa-acailandia-ma. Acessado em: 19 mar. 2021.

VALEC. Disponível em: https://www.valec.gov.br/ferrovias/ferrovia-transcontinental/trechos/mara-rosa-go-agua-boa-mt-lucas-do-rio-verde-mt. Acessado em: 21 mar. 2021.

VIATROLEBUS. Disponível em: https://viatrolebus.com.br/2020/09/uniao-deve-estudar-uso-de-ferrovias-no-extremo-sul-de-sao-paulo-e-no-litoral-sul. Acessado em: 14 abr. 2021.

Esta obra foi composta em Utopia 11,5 pt e impressa em
papel offset 90 g/m² pela gráfica Meta.